U0307161

# 文字MUD客户端编程

伍琦 著

中国商务出版社
·北京·

图书在版编目（CIP）数据

文字MUD客户端编程 / 伍琦著. -- 北京 ： 中国商务
出版社，2024.6
　ISBN 978-7-5103-5171-6

　Ⅰ．①文… Ⅱ．①伍… Ⅲ．①游戏－软件设计 Ⅳ.
①TP311.5

中国国家版本馆CIP数据核字（2024）第106767号

# 文字MUD客户端编程
**WENZI MUD KEHUDUAN BIANCHENG**

伍琦　著

出版发行：中国商务出版社有限公司
地　　址：北京市东城区安定门外大街东后巷 28 号　　邮编：　100710
网　　址：http://www.cctpress.com
联系电话：010-64515150（发行部）　010-64212247（总编室）
　　　　　010-64243016（事业部）　010-64248236（印制部）
责任编辑：韩冰
开　　本：710 毫米 ×1000 毫米　1/16
印　　张：8
字　　数：108 千字
版　　次：2024 年 6 月第 1 版
印　　次：2024 年 6 月第 1 次印刷
书　　号：ISBN 978-7-5103-5171-6
定　　价：40.00 元

# 序

在数字化时代的今天，计算机科技和游戏设计日新月异，涌现出各种绚丽多彩的游戏类型。然而，在这个浩瀚的游戏世界中，有一类游戏却以其独特的魅力闪耀不衰，那就是文字MUD。

文字MUD（Multi-User Dungeon）是一种基于文本的多人在线角色扮演游戏，起源于20世纪70年代末至80年代初的计算机文化。其创始人之一是Richard Bartle，他与Roy Trubshaw合作开发了《MUD1》。早期的MUD注重角色扮演、互动和探索，这奠定了MUD类型游戏的基本特征。进入21世纪，文字MUD的发展速度逐渐减缓，但仍有一批忠实的玩家和开发者在维护和发展这个独特的游戏类型。一些文字MUD从早期衍生出来便发展并形成了不同版本和分支，有些甚至在新的技术平台上重建，以适应现代互联网环境。

总体来说，文字MUD逐渐发展为一个多样化的、丰富的游戏世界。虽然在视觉上与现代图形游戏有所不同，但文字MUD在多人在线游戏、社交互动、角色扮演、创造性、虚拟经济等方面奠定了重要的基础，对之后的计算机游戏的发展产生了深远影响。

尽管文字MUD影响深远，但是有关文字MUD编程的教材相对较少，这是因为文字MUD作为一种特殊的游戏形式，其编程涉及的技术和概念相对较为独特。文字MUD通常涵盖如何开发MUD服务器和客户端、如何编写Alias和Trigger等技术，以及如何设计和实现虚拟世界中的交互系统和游戏机制。这可能涉及编程语言、网络通信、数据库等方面的知识。

今天，我有幸为大家介绍伍琦博士所著的《文字MUD客户端编程》。这本教材以深入浅出的方式，全面地探索了文字MUD编程的精髓。教材从文字MUD的基本概念、发展历程及架构入手，引导读者逐步深入了解这一领域。作者在引言中强调了文字MUD的重要性，为读者解释了为何文字MUD依然有着独特的意义和吸引力。

在后续章节中，本书深入探讨了Alias和Trigger这两个关键概念。Alias作为一种命令替代技术，极大地提升了玩家在游戏中的操作效率，让玩家可以轻松完成各种任务。Trigger则更进一步，允许玩家设置自动响应，实现更加智能化的交互。通过本书生动有趣的实例讲解和展示，读者将能够掌握如何编写Alias和Trigger。通过使用这些技术，玩家可以更高效地进行操作、更智能地响应游戏事件，同时可以定制和优化游戏体验，使得文字MUD更具吸引力和可玩性。

这本教材的作者，江西财经大学的伍琦博士，以其丰富的知识和热情的投入，为我们呈现了一份精彩的文字MUD编程指南。虽然由于篇幅所限，这本教材没有展示文字MUD编程技术的全貌，但无论你是初学者还是有一定经验的开发者，它都将为你揭示文字MUD的魅力和技术，引领你进入一个全新的游戏世界。让我们一同跟随伍琦博士，踏上文字MUD编程之旅吧！

卢苇

北京交通大学软件学院教授

示范性软件学院联盟理事长

# 目　录

# 1　引言

## 1.1　什么是文字MUD

MUD一词，源于二十世纪八九十年代，是Multi-User Dungeon的缩写。当时互联网速度极低（最高配的Modem传输速率是56Kbps，即每秒只能下载7KB数据。一首MP3流行歌曲花费半个多小时才能下载完成，这在当时是习以为常的），在这样的网络背景下，文字MUD闪亮登场：它没有视频，没有图片，没有音频，只有文字（文字MUD一词影响极其深远，以至2000年前后出现的一些图形网游常被网民称作图形MUD）。值得注意的一点是：虽然MUD是Multi-User Dungeon的缩写（主要原因是最早出现的文字MUD游戏内容是玩家组队探索地下城），但文字MUD的游戏内容远不止地下城。仅就笔者玩过的三款文字MUD而言（分别是西游记、边塞风云、侠客行），便已涉及仙侠、历史、武侠等诸多内容。本教材尽可能只考虑侠客行，一方面是因为笔者玩侠客行的时间是三者之中最多的；另一方面是因为边塞风云早已关服，西游记官服仅存北美服务器（速度"感人"），而侠客行官服仍然在稳步运行。

## 1.2　侠客行MUD的发展历程

注意一点：侠客行MUD虽然取自金庸先生的书名，但是游戏内容远不止《侠客行》这一本小说。它其实是将金庸先生的众多作品融为一体，形成一个众多小说人物同时共存的"架空"世界。

实际上，侠客行MUD在整个文字MUD领域属于"后起之秀"。最早是20世纪90年代中期，北美的一些华裔武侠"发烧友"建立了侠客行MUD的第一个服务器——北美侠客行，然而该服务器并未带动侠客行MUD在国外的迅速发展，反而是该MUD传入中国之后，大量侠客行MUD站点以省份为单位迅速建立起来，在21世纪初达到鼎盛。如果笔者没记错，侠客行MUD站点最多的时候有一二十个。这些站点大多习惯直接冠以服务器所处的省份，如江西侠客行、安徽侠客行、河北侠客行等。

笔者当时是江西侠客行这个大江湖中的一只"小虾米"，无论是游戏水平还是编程水平，均乏善可陈。幸运的是，笔者亲身经历了江西侠客行在整个侠客行MUD中最辉煌的时刻：2002年，侠客行MUD游戏玩家达到顶峰，因此举办了一场全国比武大会，请所有站点最顶尖的武林高手参战。没记错的话，江西站派出的选手是yklm、xzll、meigui、xpwj、tian、pigpig（请同学们养成一个习惯：文字MUD玩家不喜欢称呼游戏角色的中文名，而是称呼游戏角色的ID，因为游戏角色的中文名有可能改变，例如，全真弟子会根据辈份将姓名中间的字改成清、志，星宿老丁会把他弟子的姓名改成某某子，少林弟子升辈会变成清、道、慧……，而游戏角色的ID是恒定的，不存在任何变动的可能）。有玩家全部log记载下来当时比武大会的整个过程，当然江西站的hh［文字MUD特定词，是high hand（高手）的缩写，请原谅这个领域长年累月的"Chinglish"］全是好样的，log实在太长，笔者没有读完整个比武过程，但是有一个场景至今仍历历在目：yklm用ryb［少林skills（技能）之一日月鞭的缩写，文字MUD玩家非常喜欢用拼音首字缩写，希望同学们逐渐适应］pfm chanrao（pfm=perform，属于技能的特殊攻击）把敌方全体busy（文字MUD特有讲法：busy=让敌方陷入繁忙状态，此时敌方无法逃跑或还击，只能被动挨打，此时攻击方的命中率会大大提高。没记错的话，ryb的pfm chanrao是侠客行MUD中唯一的群体busy方法。单体busy的skill过多，请同学们暂时忽略）。之后，江西站的头号攻击手tian（雪山绝对的大佬）疯狂地输出，直接把对方团灭了，观众看得目瞪口呆。

　　但是，美好永远是短暂的。随着互联网网速的逐步提升，传输视频、图片、音频早已不是奢望，各式各样的图形网游层出不穷。无数曾热衷于文字MUD的玩家选择了投奔更华丽、更炫酷、更容易玩的图形网游。侠客行MUD也无法幸免于难：鼎盛时的一二十个站点被一个个关服。笔者这只江西站"小虾米"同样无能为力，只能眼睁睁地看着江西站所有hh的数据付之东流，心情无比郁闷。在经历了多次换站、关站、换站、关站……之后，笔者选择了afk［《魔兽世界》（wow，常用语，虽然是away from keyboard的缩写，但是实际指的是玩家选择暂时远离这款网游）］。若干年之后，笔者还是无法割舍自己对侠客行的眷恋，选择了回归。目前，侠客行官服只剩下两个站：岭南（常缩写为ln）和钱塘（常缩写为qt）。不知为何，笔者玩qt比较卡，玩ln比较流畅（笔者百度过，这两个服务器同属阿里云，但是ping ln只要二十几毫秒，ping qt直接超时）。所以，笔者创立的绝大多数角色在ln。建议诸位同学如果想玩得轻松一点［侠客行MUD有很多挡住你去路的NPC（非玩家控制的人物），如说不得、张松溪、高根明……］，优先选择ln。当然，如果你寝室里ping的结果刚好相反，为了追求流畅的游戏体验，选择qt也未尝不可。啰唆一句：笔者人到中年，除了这门课，还有其他课需要讲授，很多科研任务需要完成，很多家庭琐事需要打理，不可能时时刻刻开着电脑玩MUD。建议同学们在ln碰到困难，优先在chat频道喊话求助，争取让其他玩家看到，这样解决问题的速度更快。当然，如果笔者在线看到，一定是第一时间到位的。

# 1.3 文字 MUD 的架构

其实别看文字 MUD 年代久远，相较于当前琳琅满目的图形网游而言内容粗糙，但其架构是非常严谨的。与21世纪的顶级网游——《魔兽世界》一样，文字 MUD 同样分为服务器端和客户端两大块。

文字 MUD 的服务器端代码普遍采用C语言编写。注意一点：它的写法与同学们学过的C语言程序写法完全不同。如果你尝试过搜索便会发现，它的整个代码里根本没有出现 main 函数。你可能会问："这样的话，服务器端程序是从哪儿开始运行的呢？"其实这个问题不用太在意。有点不严格地说，服务器端程序只是布了一个局。它把整个侠客行世界所有的房间（MUD 常用术语，与日常生活中说的屋子、房间有很大的区别，具体待后文详述）、NPC、动植物……全部布置妥当，把所有的武器（侠客行 MUD 中，有大量神兵利器，也有大量粗制滥造的武器，但是，不是说玩家直接追求神兵利器就行。持神兵利器是非常危险的，可能会招来杀身之祸）和防具的数值写清楚，把所有的 quest（MUD 常用术语，指的是带有解谜性质的游戏过程。通常来说，玩家通过解 quest 可以取得一定的收益）流程明确，把所有的 skills 的学习前提、攻击力、pfm 威力……交代清楚。简言之，用《魔兽世界》的话来说，服务器端就是给你提供了整个艾泽拉斯大陆，你需要做的就是在这个大陆上遨游。

遗憾的是，当前官方侠客行的服务器端代码是严格保密的（至少就笔者所了解，当前没有任何一个 hh 持有该代码），希望同学们不要对获取该代码抱任何幻想。当前官方侠客行的 wiz［MUD 常用术语，为 wizard 的缩写。注意，这个用语跟"巫师"没有任何联系。简单地说，wiz 相当于《魔兽世界》里的 GM（游戏管理员），负责管理整个站点］是资深 IT 从业人员，你想攻破他的电脑，可能得先掂量掂量自己的能力。

　　基于这个原因，本课程尽可能避开服务器端代码的知识，把绝大多数时间和精力放在客户端上。毕竟，大多数同学并不是想架构一个服务器让别人来玩，而是想自己做个玩家。严格地说，任何一个能实现远程通信的软件，都是可以用来玩 MUD 的，比如 Windows 很早就附带的 telnet。但是，说句不好听的，如果你用 telnet 来玩 MUD，会很郁闷。MUD 是一款打字打慢了会"死人"的游戏（据我所知，除了这款游戏，打字打慢了会"死人"的另一款游戏是《死亡打字员》，建议胆子不够大的同学无视），而 telnet 缺乏玩 MUD 最需要的两个功能：Alias 和 Trigger。除非你的打字速度突破天际，否则，建议老老实实用适合玩 MUD 的客户端软件来玩。

　　目前，专为 MUD 玩家准备的客户端软件有很多种，笔者只取自己最熟悉的一款来介绍，即 Mushclient。目前，用得最广泛的客户端软件是 Zmud，同学们感兴趣的话，也可以自学一下。

## 1.4　写在前面

　　在开始侠客行 MUD 的遨游之前，有一些话希望同学们认真听取，具体如下：

　　1. Zmud 已停更多年，即使是它最新的一个版本——Zmud 7.21，也与最新的 Windows 操作系统严重不兼容（至少在 Win10 下运行效果"感人"）。希望同学们尽可能迅速地掌握虚拟机的安装和使用方法（笔者只用过 VMWare，非常好用），在虚拟机上装一个比较旧的 Windows 版本，如 Win98、WinXP 等，把 Zmud 装在这个旧 Windows 里，这样基本上可以保证 Zmud 7.21 流畅运行。

　　2. Mushclient 的制作者一直紧跟潮流，不停地更新 Mushclient 版本，所以它在 Win10 下是可以百分百流畅运行的（Win11 笔者从未接触过，不敢打包票）。但是，这位制作者是外籍人士，他创立的 Mushclient 官网是全英文的。笔者从未尝试用浏览器机翻该官网。如果同学们非要用浏览器机翻该官网来学习 Mushclient，造成的一切后果，笔者概不负责，请见谅。说实话，这个官网里的英文很基础，稍微动动手查一查英汉词典就能看懂。该官网的链接待下文讲到 Mushclient 时再给出，这里先卖个关子。

3. 无论你选择的是 qt 还是 ln，在游玩过程中，你会发现，这里熙熙攘攘的人大多数完全不与你产生任何互动，主要原因是他们都是 robot（常简称为 rbt，MUD 术语——机器人，指的是玩家不手动操作，而是用 Trigger 写成的一个自动挂机练级的游戏人物）。目前，像笔者这样以手动为主的玩家寥若晨星，qt 和 ln 基本上已经成为 rbt 的世界。但是，笔者希望同学们不要让自己的 char（MUD 术语——character 的缩写，指的是玩家创立的游戏角色）成为 rbt，因为这个游戏手动玩的乐趣远大于纯挂机练级。

4. 无论你选择的是 qt 还是 ln，请不要 pk 那些 rbt。原因有两个：一方面，很多 hh 的 rbt 是设计了反 pk 功能的，你去杀他们，无异于送命；另一方面，这些 hh 个个实力强劲，一旦发现自己的 char 被你 pk，很可能会狂杀你，把你杀成白板〔MUD 术语之一，指的是无经验值、无 skills 的垃圾号。侠客行 MUD 中的死亡是有惩罚的。你的 exp（经验值）和 skills 死一次就降一些。被杀多了以后，你的号成为白板，基本上就成了废人，绝对不可能完成本课程的学习〕。注意，笔者在 ln 的 char 确实不少，但是 exp 普遍不高，所以如果你被 hh 杀了，指望笔者帮你"报仇雪恨"，那基本上是不可能的。

5. 无论你选择的是 qt 还是 ln，请不要刻意阻挠 rbt 的运行。侠客行 MUD 是一个以做任务为主要练级手段的游戏。这些任务很多是离不开 NPC 的。例如，雪山烧尸体任务必须保证法坛所在房间至少有一个葛伦布，丐帮送信任务必须保证收信人活着，押镖任务必须保证目的地收货人活着，等等。如果不小心杀了这些 NPC，或者某些任务要求你杀（如 clb——长乐帮任务，贝海石经常发布杀 NPC 的任务），一般来说，hh 不会跟你计较。但是，如果你刻意地阻挠rbt，比如你的号守在雪山，不停地杀新的葛伦布，hh是可以轻易废掉你的char的，如前所述。

6. 请不要pk自己的同班同学。如前所述，侠客行MUD中char死亡是有损失的，大家通过选课走到一起，请不要破坏这来之不易的缘分。如果你只是想跟同班同学比试比试，看看谁的char更强，侠客行MUD是有专门的比武擂台的。擂台的设计机制保证了比武双方均不可能死亡，所以，释放你所有的dps（秒伤）吧，不需要留手。另外，笔者打擂台打得非常少，如果同学们想挑战笔者，荣幸之至，但是丑话说在前头，被打哭了可别怨笔者下手重噢。

7. 聊天时请使用文明礼貌用语。侠客行主要有三个聊天频道：xkx（侠客行）、chat、rumor。其中，xkx频道是所有站都看得到的（目前也就两个站啦）；chat频道只有本站的玩家看得到；rumor频道主要显示玩家阵亡、宝物出现、镖车被劫等信息，一般来说，这些信息比较重要（尤其是宝物出现），所以基本上没人用rumor频道聊天。希望同学们无论是在xkx频道还是在chat频道，都不要爆粗口。惹怒当前手动的玩家造成的一切后果，笔者概不负责。

8. 请勿蹉跎你的主ID。一般来说，玩MUD只建一个char是不够用的。通常，MUD玩家把自己建的char分为两类——主ID（自己重点培养和关注的char）、大米（dummy的音译，指的是为主ID服务的工具人）。通常来说，大米可以练得比较随意，时不时发呆、闲逛、等刷什么的，没有任何关系。但是，主ID是需要好好培养的，基本上所有的时间和精力要用在增进exp、skills或者max内力（MUD术语之一，指的是最大内力，具体用途待后文详述）上，所以，请珍惜主ID的每一分每一秒。

9. 请仔细阅读help。侠客行MUD提供了数量众多的帮助文件。当然，其中不少已经过时，不再适用于当前最新的服务器端代码。但是，绝大多数帮助文件是能够帮助到你的，请认真对待每一篇帮助文件，珍惜侠客行MUD每个wiz、每个hh的心血。

## 1.5 本课程的考核方式

同学们最关心的部分终于来了，请仔细听好。

本课程不存在期末笔试或者机考什么的，只采用考查的方式。笔者要求同学们统一实名制建号（仅限主 ID。大米随你怎么折腾，我不 care）。期末考查主要看你的主 ID 练的水平如何（包括 exp、skills、max 内力等）。为了增强同学们对笔者的敬意，笔者会在开课第一天，跟同学们一同建号，即伍琦（wuqi）。这是 MUD 常见写法，中文名在前，ID 放括号里。如果期末考查时你能在擂台上完胜伍琦（wuqi），这门课直接满分奉上。当然，即使打输，也不会狠狠扣你的分，因为有些门派确实初期实力欠奉。只要你能让我看到，你的主 ID 是练得有点样子，基本上这 1 个学分，我是可以痛快地给你的，放心。

可能有的同学会问："老师，这门课不是叫《文字 MUD 客户端编程》吗？为什么你考查的是我们的 char 玩得怎么样，而不是我们的编程水平？"这个问题其实很好回答："你不懂客户端编程，你的主 ID 是根本没法练的。孩子，你渐渐就懂了。"

## 1.6 本课程创立的初衷及其意义

同学们可能会问："老师，您为什么要花如此多的时间和精力开设一门仅 1 学分的选修课？而且这个游戏早已过时，对我们将来的学习和工作似乎起不到任何作用。我们就算百分百掌握了侠客行 MUD，又能如何？开个野站捞点零花钱？"

这个问题问得很好。如果是从现实，或者说，从功利的角度来看，这门课确实严重过时了。乐观地估计，据笔者所知，全世界玩文字MUD的不超过10 000人。就官方侠客行而言，如果把那些常年rbt的hh也算上，满打满算也就100人的样子。而且，据我所知，没有任何一个工作单位招聘时，会提供与文字MUD相关的工作岗位。所以，你指望学好这门课，帮助今后升官发财，是不现实的。

笔者千辛万苦设立这门课，主要原因有两个：

1. 这门课承载着无数"70后""80后"珍贵的回忆。同学们普遍是"00后"了，每天都可以自由自在地享受互联网的流畅和便利。但是，二十多年前的网络并非如此。没记错的话，当时最快的Modem（注意，笔者说的是拨号上网的猫，跟当前流行的光猫不是一回事）是56Kbps，即你每秒最多下载7KB数据。当时的互联网带给网民的，更多的不是享受，而是折磨。因为拨号上网的速度是会波动的，有的时候为了一个过得去的网速，需要反反复复"听猫叫"。即使你运气好，一下子就飙到了56Kbps，又能如何呢？随便一部电影几个GB，随便一个照片集几百MB，你敢下载吗？搞清楚，拨号上网相当于你在打电话。你为了一部电影，花掉的钱相当于打了$n$个长途电话，值得吗？所以，20世纪90年代的网游，根本不可能包含图片、音频、视频，因为这些东西是无法实时传输的。没有人喜欢自己玩的网游跟幻灯片一样吧？所以，在如此恶劣的网络环境下，文字MUD应运而生。老实说，文字传输量巨大的时候，即使是56Kbps的Modem，偶尔也会有卡顿，但是相较于其他类型的数据，已经是可以接受的了。所以，基本上笔者认识的"70后""80后"网民，接触的第一款网游都是文字MUD。别看它外形不讨喜，但如果你对武侠、仙侠、历史……感兴趣，而且具备一定的编程能力，文字MUD会让你上瘾的，相信我（为了玩MUD耽误学业，别骂我哟。成年人这点自制力是要有的）。所以，严格地说，开设这门课的初衷是"情怀"。笔者希望同学们通过玩侠客行MUD，体会一下二十多年前那个"蛮荒"的互联网时代，体会一下"70后""80后"网民经历的挫折和苦痛。也许学完这门课，同学们会倍加珍惜当下优越的互联网环境。

2. 希望同学们通过学习这门课，提高编程水平。说句实在话，电商系大三上学期所讲授的网页设计，在整个编程大家庭里，属于非常 low 的成员。说难听点，如果你四年学下来，只会做做网页或者 Flash 什么的，你都不好意思跟别人打招呼说自己是电子商务系的学生，因为你根本配不上"电子"二字。然而，通过这门课的学习，尤其是 Mushclient 下脚本的编写，你会对 lua 这门语言有一定的认识（Mushclient 脚本可选语言共 8 种，但是笔者感觉 lua 写起来最顺。lua 目前热度不高，但是鼎鼎大名的《魔兽世界》的所有插件都是用 lua 写的）。如果你能精通 lua 编程，笔者觉得你毕业后，必然可以昂首挺胸地面对任何一家 IT 企业的 HR，说自己是电子商务系的学生。

好的，接下来我们进入正题，带同学们走进侠客行 MUD 的世界。

# 2　侠客行MUD初探

## 2.1 在侠客行 MUD 里能做什么?

反复犹豫是否进入《魔兽世界》的网友,可能会向《魔兽世界》"老鸟"们咨询一个问题:我在《魔兽世界》里能干什么?答案能写出一二十项来:可以钓鱼,可以看风景,可以采草药,可以挖矿,可以缝纫,可以打造刀剑和甲胄,可以……但是,笔者相信不管是哪个"老鸟",答案中一定有一项是百分百不会省略的:可以战斗。《魔兽世界》中的战斗分为 pve 和 pvp 两种,前者是与野兽、怪物之类的服务器操控的角色战斗,后者是与玩家战斗。

同样,比《魔兽世界》早好几年出生的侠客行 MUD,也可以做很多事情:可以种花,可以熬药,可以挑水,可以劈柴,可以帮别人疗伤、解毒……当然,作为一款武侠类游戏,重头戏同样是战斗。参照《魔兽世界》的讲法,侠客行 MUD 的战斗也是可以分成 pve 和 pvp 的。

就 pve 而言(简便起见,仿照大多数网游的讲法,所有服务器端操控的野兽、人物等,统称为"怪"),有 3 种形式:look(另有 kiss,是特殊情况)、throw 和 kill。kill 的效果如刚才所述,玩家和怪会以性命相搏,直到一方断气为止。throw 的效果有所不同:它是玩家往怪身上扔东西。注意,我们不是追求用飞镖、暗器什么的直接砸死怪,而是通过这一举动激怒怪,促使他/她/它对你下 kill 指令。有同学可能会问,那这样我们不是吃亏了?他/她/它想杀我,而我没对他/她/它下 kill 指令,也就是说,我没法杀他/她/它?这个问题问得非常好,我们要的就是这个效果。怪对我们下了 kill 指令之后,我们会与之展开战斗。但是侠客行 MUD 有个特点:一般来说,不管是怪还是玩家,都是先晕再死(有极低的概率遭重击时不晕,直接死。此处略过)。

也就是说，这场战斗如果怪打着打着残血了，它自己会晕掉。怪晕了有什么用？大有用处！侠客行 MUD 里有些任务是要拿活人交差的。例如，长乐帮 ask situ about life 任务，他会告诉你他想跟某位女士发生一些不可描述的事情，那么你需要跑到那位女士面前，用 throw（有个例外，后面再提）把这位女士打晕，扛着她交给 situ，就完成了这单任务。还有个经典的任务：ylt（杨莲亭）。学 pxj（辟邪剑法）的 pfm guimei、pfm cixin，以及炼补阴丸，需要为日月神教的 ylt 做任务。他会给出一张名单（从本站当前玩家中任取五名），你把名单中的任意一人打晕，背着交给 ylt，就算完成了一单任务，一共需要完成九单。注意，名单中的玩家武功高低随机，所以，自己小心点吧。使用 throw 的另一个原因是侠客行 MUD 里不是所有怪都可以随便杀。侠客行 MUD 里，有一类人一旦被杀，玩家会变成通缉犯。如果是被西夏、大理通缉，那还好说，我们用 Alias 走路，不会受影响。但是，如果你杀的是扬州的这类人，扬州四个门的将士会堵你，你不把守门的将士杀掉，是无法通行的，大大影响自己主 ID 的游戏效率。而且，一旦城内的巡捕看到你，就会追着砍你，非常烦人。不过，wiz 可能考虑到了这个因素，给被扬州通缉的玩家搞了个"花钱消灾"的方式，这里暂时不透露。所以，如果你被堵了（比如，你要给扬州衙门里的师爷送信，但是衙役堵路），最好的方法是把衙役挨个打晕，背着扔到别的地方去，再进去送信。这样就万事大吉了。什么？你说衙役醒来了仍然会对你下 kill？你的 IQ 不支持你把他扔到一个偏僻一点的房间吗？ look 主要是用来看路或者看东西的（大量 quest 是跟 look 挂钩的），但是，如果你嫌命太长，look 是可以帮你的。侠客行 MUD 里有个设定：所有负神人物或者负神玩家（侠客行 MUD 里，"神"用来表明人物的道德。好人是正神，坏人是负神，非正非邪的人是零神）都很讨厌被别人 look。一般来说，第一眼 look 负神人物/玩家，会提示对方目光露出一丝异样；第二眼基本上就开杀了。所以，管好自己的眼睛是每个侠客行 MUD 菜鸟的必修课。说实话，只要稍微玩了一段时间侠客行 MUD，就会对所有人物的情况了如指掌，不需要通过 look 了解对方信息。对了，前文提到了一个特殊情况：kiss。据笔者所知，侠客行 MUD 里有且只有一个怪，被男人亲了嘴会直接开杀，即李莫愁。相信所有了解《神雕侠侣》的同学都知道她的实力，所以，色字头上一把刀，切记切记。

就 pvp 而言，有两种形式：fight 和 kill。fight 是玩家之间切磋武艺，点到为止。而 kill 就是通常所说的 pk，玩家之间置之死地而后快。第 1 章我已经反复强调同学们要打消 pk 的念头，此处不再赘述。

## 2.2　侠客行 MUD 登录及战斗演示

二十多年过去了，笔者始终记得 2002 年 9 月刚进复旦大学读本科时，Java 第一堂实验课的要求：把书上的 Hello World 照抄，交上去。说实话，笔者虽然当时已经使用电脑多年，但除了能在同龄人面前显摆两手 DOS 命令，对计算机知识的了解约等于零。编程更是不用提了：一穷二白。还好，即使磕磕绊绊，第一堂实验课还是顺利通过了。但是当时真的不明白老师为什么让我们写这个。直到期末，真正学完了整本 J2SE 之后，回头看才明白 Java 的 Hello World 程序并不简单：它涉及字符串、数组、输出流、打印等诸多知识，而这些对于初学者来说犹如天书。这时，才真正明白老师的良苦用心：如果第一堂实验课，老师是让我们脑子里装进字符串、数组、输出流、打印等诸多知识，而不是着重把 Hello World 编译运行成功，就本末倒置了。因为，我们学编程语言，就像我们学自然语言一样，并不是为了让脑子多记一些语法、语义，而是为了实现一些具体的功能。这些功能很可能用别的学科的方法（如数学、物理）不是很好实现，但是通过在计算机上编程，就很容易实现，如计算一堆数字之和。

类比一下，笔者设立这门课也是同样的思路。第 1 章讲了，希望同学们通过这门课的学习，掌握一些编程知识。但是，侠客行MUD毕竟只是个游戏。我们平时绝大多数的时间要交给学习、工作、体育锻炼……游戏只是我们日常生活中一个很微末的配角，能借此增强编程能力，固然可喜，但我们更期待的是，它能给我们的闲暇时间带来一些乐趣，或者能在游戏里做一些现实生活中无法做到的事情。

侠客行MUD有个特点：神兵利器特别多，神甲宝胄特别少。所以每逢服务器重启，三大当铺清空，所有hh char的rbt第一时间都是赶赴泰山，因为那儿的青衣/红衣/白衣武士统一穿着铁甲，而且非常容易杀。但是无奈僧多粥少，泰山的一二十个武士根本喂不饱服务器刚开启时涌入的几百个char。不少char需要为一件铁甲等待武士们数十轮的刷新，蹉跎了光阴。这里，笔者教喜欢手动的小朋友们一个冷门知识：还有一个NPC穿着铁甲，离扬州不远，而且很容易杀。

图2-1前面那堆提示文字没必要仔细看，就看最后两行就行。它是问你要不要用大五码。在座诸位没哪个是来自港澳台，成天跟大五码打交道的吧？所以我们这里敲个n，回车。

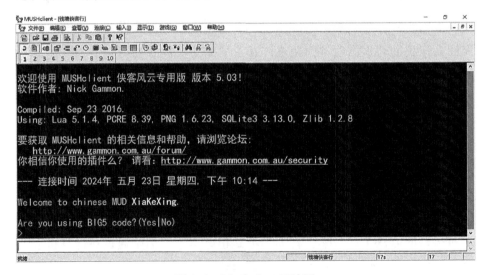

图 2-1　Mushclient 开始图

接下来，图2-2前面那堆提示文字仍然不用看，注意看两个站点状况即可。一般来说，ln和qt的ip地址和埠号是恒定的，而运行时间和玩家人数是即时变动的。一般来说，站点运行时间到达两个月甚至更久的话，会很卡，手动手感大减。但是，如第1章所述，侠客行MUD的wiz神龙见首不见尾，不是你随时催他重启他就给重启的。

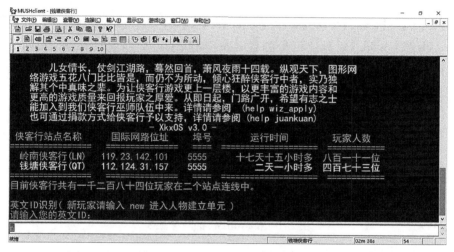

图2-2　侠客行MUD站点列表

笔者在qt只有一个主ID：Qzwdqzwd（图2-3、图2-4）。至于密码嘛……怎么可能告诉你呢？

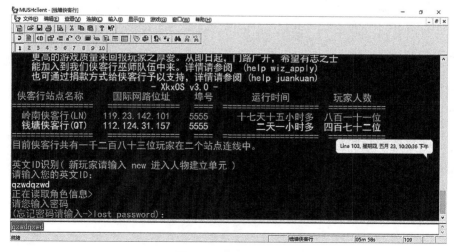

图2-3　笔者qt主ID

19

【 侠 客 】武当派第二代弟子「我很丑，但是不太温柔」丑人（Qzwdqzwd）

图 2-4 笔者 qt 主 ID 的 title

目前，Qzwdqzwd 是 qt 的 wd（武当）妥妥的副班长，不过杀那个家伙，还是手拿把撰的。

i（inventory）是一条经常使用的指令，用来查看 char 身上携带了哪些物品。由图 2-5 可以看到，可怜的 Qzwdqzwd 除了点臭钱就只剩 wd char 登进来时的标配——青布长袍。它的防御力弱到几乎可以忽略不计。赶紧动身杀铁甲去吧！

图 2-5 Qzwdqzwd 的随身物品

从扬州中央广场出发，走 4 步 west，6 步 north，1 步 east，1 步 northeast，1 步 north，3 步 west，就抵达了我们的目的地——"侠义厅"（图 2-6）。

别看这地名正气凛然，其实里头三个都不是什么好货。我们要杀的就是名字最狂的那个——沙通天。

可以看到，刚开打，笔者一连出了六行指令。其实，并不是笔者手速逆天，而是利用了第 3 章会介绍的 Alias，此处暂不展开。同学们暂时只需注意最后一条指令：perform nian（图 2-7）。此处使用了太极拳（缩写为 tjq）的最初等 pfm：粘。

Qzwdqzwd vs 沙通天战斗记录如图 2-7 至图 2-17 所示。杀死沙通天后即可获得铁甲（图 2-18）。

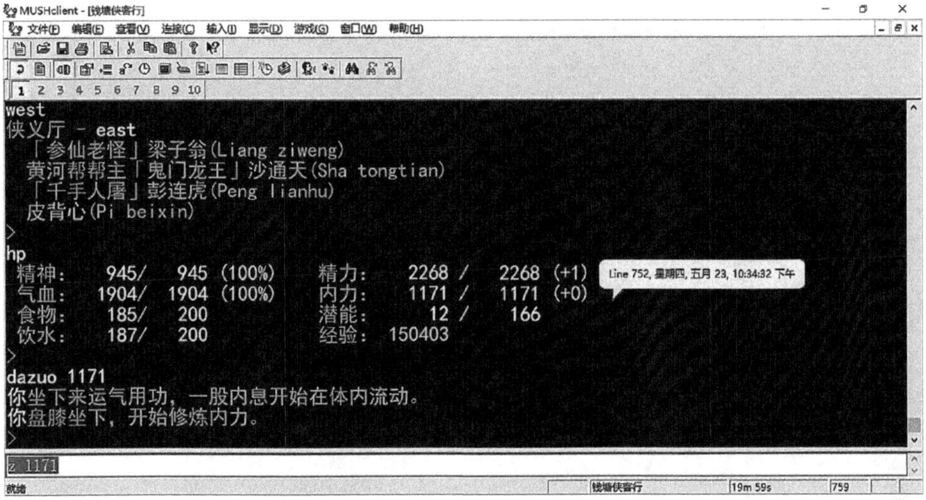

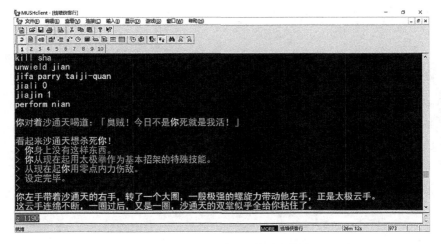

图 2-6　Qzwdqzwd 抵达地点

图 2-7　Qzwdqzwd vs 沙通天战斗记录（part 1）

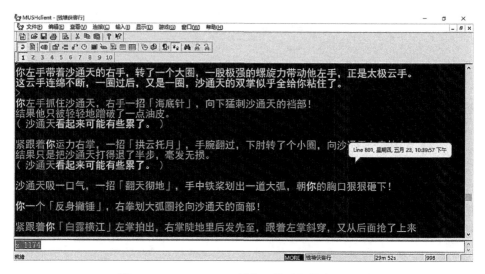

图 2-8 Qzwdqzwd vs 沙通天战斗记录（part 2）

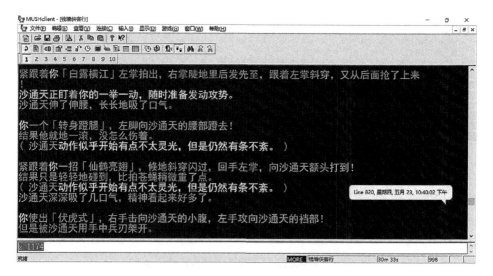

图 2-9 Qzwdqzwd vs 沙通天战斗记录（part 3）

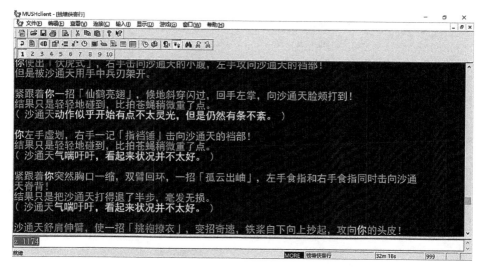

图 2-10 Qzwdqzwd vs 沙通天战斗记录（part 4）

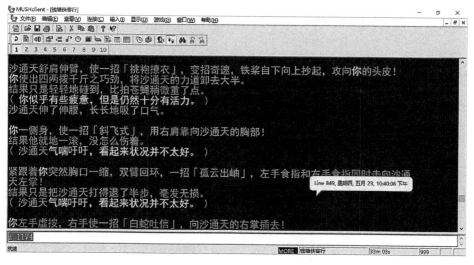

图 2-11 Qzwdqzwd vs 沙通天战斗记录（part 5）

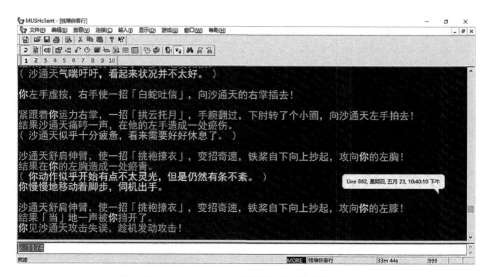

图 2-12　Qzwdqzwd vs 沙通天战斗记录（part 6）

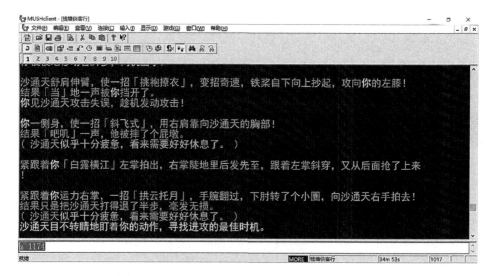

图 2-13　Qzwdqzwd vs 沙通天战斗记录（part 7）

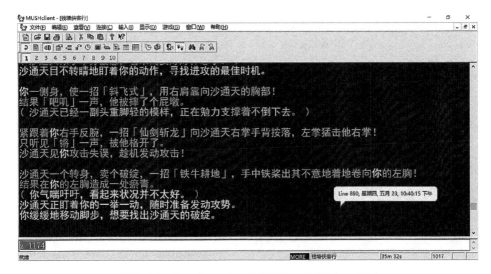

图 2-14 Qzwdqzwd vs 沙通天战斗记录（part 8）

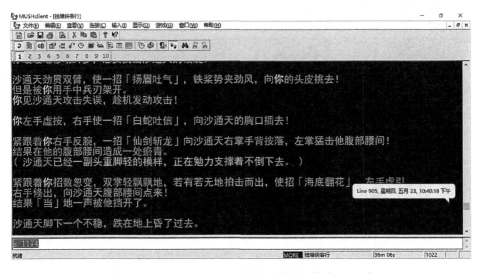

图 2-15 Qzwdqzwd vs 沙通天战斗记录（part 9）

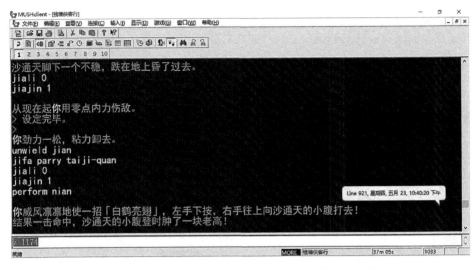

图 2-16　Qzwdqzwd vs 沙通天战斗记录（part 10）

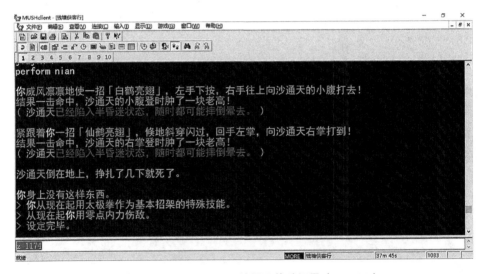

图 2-17　Qzwdqzwd vs 沙通天战斗记录（part 11）

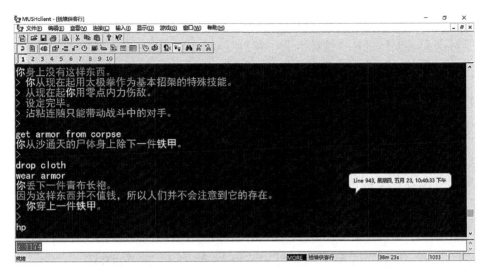

图 2-18　铁甲入手

整个战斗过程略显乏味，可能同学们会有两处疑惑：①沙通天为什么老吸气？② 沙通天似乎血量未见底（文字描述是鲜红色，不是暗红色）就晕了？其实这两个问题是一个问题，待笔者娓娓道来。

侠客行 MUD 像大多数网游一样，也是可以看自己的血量的。但是它并不是只有 hp 这一条。比如，笔者现在敲 hp 指令，能看到图 2-19。

```
精神：    945/    945 (100%)    精力：    2268 /    2268 (+1)
气血：   1904/   1904 (100%)    内力：    1175 /    1175 (+0)
食物：    167/    200            潜能：      13 /     166
饮水：    168/    200            经验：   150405
```

图 2-19　hp

在图 2-19 中可以看到 8 项指标，此处笔者不一一解释，待下文再详述。以"气血"这项为例，"1904/1904"表明的是，Qzwdqzwd 的最大气血是 1904，当前气血也是 1904。"精神""精力""内力""食物""潜能""饮水"等其后紧跟的"数字甲/数字乙"也是类似的含义。侠客行 MUD 中人物的血量，绝大多数时候仅指"气血"这一项，而且普通攻击以及大多数 pfm 也是打击对方的"气血"。但是，侠客行还有一项规定：人物的"精神"和"精力"降为 0 时，也会晕倒。讲到这里，聪明的同学应该猜到了：perform nian属于比较另类的pfm。它打的不是"气血",而是"精神"。这就是为什么沙通天老吸气来补"精神"和"精力",而且血量未见底就晕了。

本小节最后要提示,沙通天虽然很弱,但是仍然明显比泰山青衣/红衣/白衣武士强出一大截。所以小朋友们小时候别随便找他拿铁甲,屁股被打痛了老师不给你敷膏药哟。

这里,笔者展示的是一个初步成形的主ID,那么,同学们该怎样打造属于自己的主ID呢?让我们从建号以及新手村——侠客岛走起。

## 2.3 侠客行MUD新号注册及侠客岛初探

侠客行MUD的wiz不知何故已经失联数月。在这几个月里,ln无法登号,qt无法建号,笔者为此无比郁闷。机缘巧合之下,笔者发现了一个非官方侠客行MUD站点,其服务器端代码版本较新,故本节用该站点进行演示。

类似ln和qt,下文将该站点简称为hj(图2-20)。

图2-20　hj侠客行

建号首先是敲new,回车。

此处输入你想创建的人物的ID(图2-21)。通常来说,玩家最好先建大米,再建主ID。大米一般ID取名low一些,别太嚣张,让别人觉得像主ID。

比如，笔者的大米取名一般为forchat、chatchat之类，表示我这个号是用来聊天的，不做正经事，仅供同学们参考。

图 2-21　新人物创建

接下来是输入人物中文名（图2-22）。一般来说，跟英文ID的译文吻合即可，这里我输的是"聊聊"。

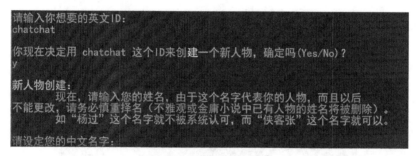

图 2-22　新人物中文名

接下来是建号的重中之重：天赋选择（图2-23）。不同的门派对天赋的要求天差地别。但是作为一个以聊天为主的大米来说，天赋就显得不那么重要了。笔者习惯将这种大米建成一个皮糙肉厚的大汉，方便扛东西，也比较抗打，所以一般取成高bl（臂力，侠客行有的地方显示成"膂力"，是一个意思）、高gg（根骨），如图2-24所示。

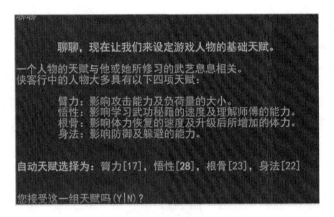

图 2-23　天赋选择 1

图 2-24　天赋选择 2

经过一连串的敲数字，我的聊天大米天赋确定了，这里敲个 y。

接下来是 char 的性别（图 2-25）。注意，这东西对主 ID 影响非常大。有的门派，如 sl（少林）、xs（雪山），是不收女 char 的。有的门派，如 em（峨眉），对男 char 极不友好（男 char 成长速度远逊于女 char）。但是，作为聊天大米，就不需要考虑那么细了，一般取成男 char 即可。

图 2-25　性别选择

接下来是侠客行MUD建号最有特色的一环：需提供邮箱（图2-26）。服务器端会发一封含初始密码的邮件给你，你用它登录即可。不过，笔者未尝试这一步会不会"挑邮箱"，即有的邮箱接收邮件及时，有的邮箱很迟。就笔者所拥有的126邮箱和gmail邮箱而言，都挺及时的。笔者之前提到的qt无法建号，问题就出在服务器端无法发出邮件上，造成所建号无法取得初始密码，故无法成功建号。

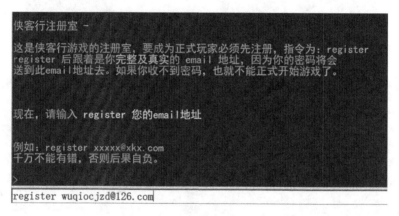

图 2-26　注册邮箱

这个非官方站点似乎不打算建设邮件系统，而是直接给出了临时登录密码，我们尝试用它登录，如图2-27所示。

register wuqiocjzd@126.com
您在本站点的临时登录密码是：9kv4lZdk

图 2-27　临时登录密码

登录成功！我们看到了chatchat初抵侠客岛的第一个房间：沙滩（图2-28）。注意，侠客行MUD里的新闻往往涉及重大更新，每次看到最好及时阅读（图2-29）。

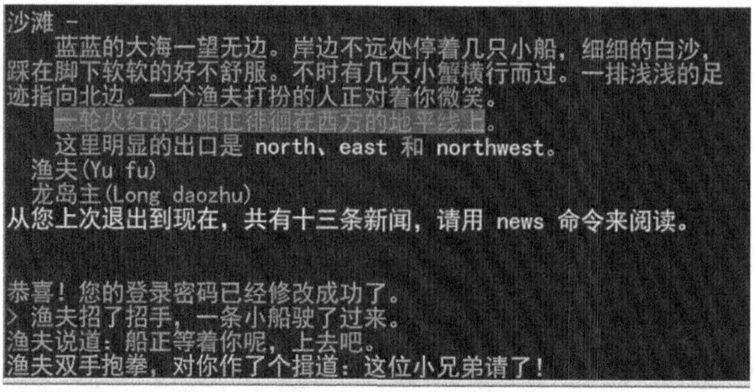

图 2-28　登录成功

图 2-29　新闻内容

笔者将13条新闻一一读完，发现该非官方站点在降低难度方面下了苦功，但是侠客岛似乎与官方站点无任何区别，废话不多说，咱们这就在侠客岛上随便逛逛（其实对于聊天大米来说，最好的选择是立即要求离岛，但逛逛也无妨）。

首先介绍一个必须牢牢掌握的指令：1（look的缩写），如图2-30所示。通过它，可以了解当前房间的情况。这里的两个NPC：渔夫和龙岛主均可帮助chatchat离岛。注意，离岛是不可逆的。一旦离开，今生今世永远无法回侠客岛。这里的倒数第三行要特别重视。一般来说，从一个房间进入另一个房间，90%以上的方式是从这里显示的出口走过去的。当然，全敲太费事了，侠客行MUD为走路贴心地内置了Alias，即此处我们想往北/东/西北走只需敲n/e/nw即可。注意，对于侠客行MUD新手来说，在陌生的地方瞎走，是很危险的。因为有不少怪是会叫杀（MUD术语，指的是一见面招呼都不打，直接下kill指令）的，而且其中不乏实力不俗之辈，如陈玄风、梅超风。那么，怎样做到不乱走害死自己呢？答案仍然是指令l。

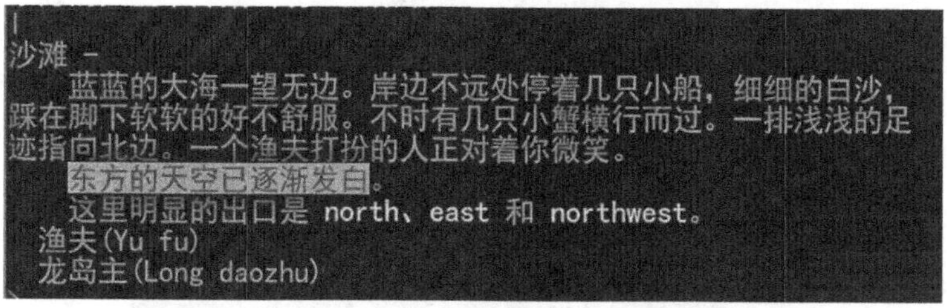

图 2-30　指令 l

我们可以在刚才那个房间敲 "l north"，来看北边走一步会进到什么样的房间（图 2-31）。注意，此处的 "north" 无法缩略为 "n"。

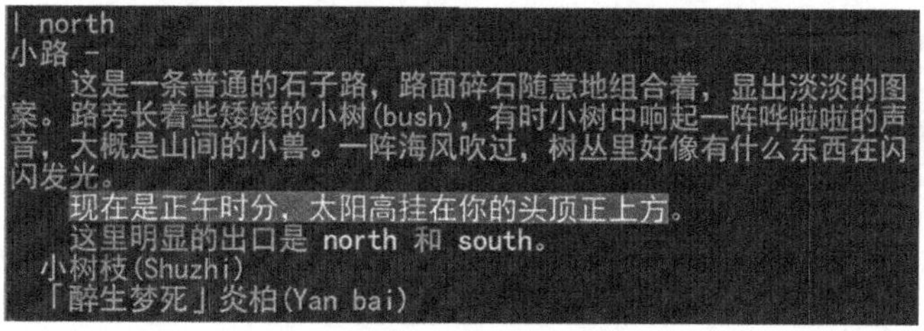

图 2-31　指令 l north

总体来看，侠客岛相当于一个新手村，玩家基本上是 "no zuo no die"，所以，不需要过于谨慎地走路。

侠客岛上值得细细玩味的地方不少，不过碍于本书篇幅，我们直奔主题吧！侠客岛的地图大体上可以分为两大块：洞内和洞外，其具体地图如图 2-32 和图 2-33 所示。

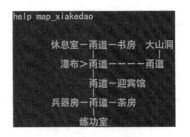

help map_xiakedao
休息室－甬道－书房　大山洞
瀑布>甬道－－－－－甬道
甬道－迎宾馆
兵器房－甬道－茶房
练功室

图 2-32　洞内地图

沙滩－－－沙滩－－－沙滩
海边
小路－礁石
瀑布>甬道
望海亭－土路－草地－山脚下
海边－小路→山路→山顶←山路　礁石　大礁石
迎宾厅
野林
24 行，还剩 8 行 ＝　(ENTER 继续下一页，q 离开，b 前一页，n
行数)
小路
海盗窝
海边
礁石
沙滩－－－沙滩－－－沙滩

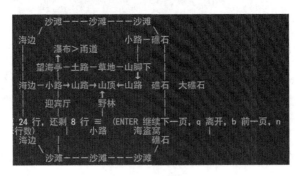

图 2-33　洞外地图

敲“help map_xiakedao”，即可看到洞内、洞外各自的地图。注意，洞外地图略长，出现了分页的情况。类似的情况在出岛之后仍然会遇到，要习惯。什么？你说你习惯不了？没关系，笔者有好东西，后文详述。其实这两张地图都不大，稍微多走走就摸熟了。至于怎样进洞，同学们少安毋躁，笔者马上和盘托出。

前文已述，侠客行MUD主要的成长方式是做任务。侠客岛上有且只有一个任务：钓鱼。这个任务只在洞外即可完成，我们走起（图2-34）。

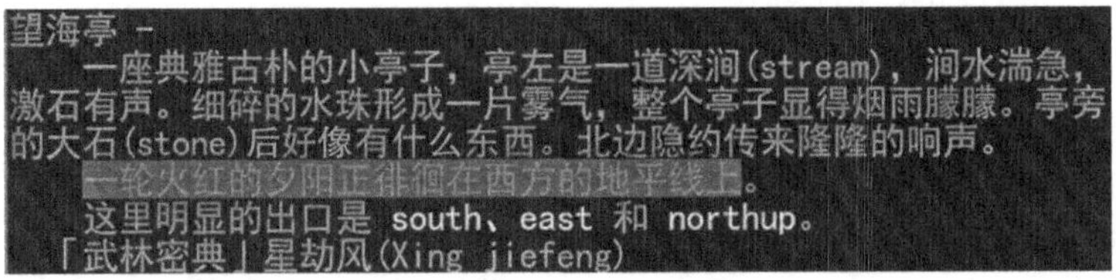

望海亭 -
一座典雅古朴的小亭子，亭左是一道深涧(stream)，涧水湍急，
激石有声。细碎的水珠形成一片雾气，整个亭子显得烟雨朦朦。亭旁
的大石(stone)后好像有什么东西。北边隐约传来隆隆的响声。
一轮火红的夕阳正徘徊在西方的地平线上。
这里明显的出口是 south、east 和 northup。
「武林密典」星劫风(Xing jiefeng)

图 2-34　望海亭

钓鱼肯定少不了鱼杆。鱼杆就藏在石头后面（不要问我为什么有这么古

怪的设定），如图2-35所示。wiz很贴心：侠客岛钓鱼是不需要鱼饵的。

```
move stone
你使劲把大石移开，发现一根鱼杆，可以用来钓鱼(fishing)。
```

图 2-35　鱼竿入手

接下来，我们敲"fishing"，就可以开始钓鱼了。

侠客岛上总共可能钓出四种鱼：七粒浮子、花羔红点蛙、柳根子、七星子。其中，后两者非常鸡肋，钓到了建议扔掉。前两者中，七粒浮子可以送给炎柏，花羔红点蛙可以送给黄衣大汉（图2-36），均可获取exp和pot（potential的缩写，译为潜能），如图2-37所示。

```
give han fish
你增加了1点武学潜能。
黄衣大汉说道：此鱼于我大有助益，小兄弟义薄云天，在下不胜感激。
黄衣大汉说道：「聊聊小兄弟的好处，我今生今世，永不敢忘。」
你给黄衣大汉一条花羔红点蛙。
```

图 2-36　花羔红点蛙送出

```
精神    100/   100 (100%)   精力    100 /   100 (+1)
气血    100/   100 (100%)   内力      1 /     1 (+0)
食物    104/   400          潜能    127 /   200
饮水    101/   400          经验  78
```

图 2-37　chatchat 的 hp

可以看到，这条花羔红点蛙给chatchat带来了78点exp和28点pot（刚建的号默认0 exp及99 pot）。侠客行MUD跟其他MUD有一个很大的区别：pot是有上限的。比如，chatchat如果再多钓几条鱼，pot达上限200，再钓就浪费了。也就是说，我们需要及时消耗掉pot。大家玩过游戏的话，对exp不会陌生，但是"潜能"是什么？我稍微解释一下，MUD里普遍认为char完成一些任务，会激发他/她的pot，这些东西会促进他/她的成长。直观来说，每一点pot都可以用来向师傅学习skills。exp会限制char的skills能到达的最高level，也会影响char的战斗力。所以，侠客行MUD的练号过程基本上就是做任务→用pot学未满级的skills→再做任务→再消耗pot……当然，这只是一个大体上的过程，侠客行MUD里有些skills是可以通过一些特殊的方式来提升的，可以不消耗pot；另外，还有一些char需要做的事情，如dazuo（打坐）涨最大内力。具体待后文详述。

侠客岛上可以学习的skills不少，但是学全是没必要的。真正值得你带出岛的只有taixuan-gong（太玄功）、force（基本内功）、literate（读书写字）。大体来看，主ID在岛上的成长过程分3个阶段：①边钓鱼边学这3样skills；② literate和force学满了，pot只需用来补taixuan-gong；③ 打坐到最大内力850，离岛。其实，严格来说，这里的最大内力很多时候可以不止850，但是这里涉及不同特内（特殊内功的简称）对最大内力的约束，对于初涉的同学们来说有点复杂。不动脑筋的话，850就okay了。接下来，我带大家看一下学这3样skills的具体位置。

侠客岛上洞外有两个NPC会教force，蓝衣弟子好找一点（从沙滩一直往北就到了）；黄衣弟子难一点，得爬一点点山。学习的cmd（command的缩写，译作"指令"）均为"xue dizi force 10"，这是用pot学skills的统一写法（打头的"xue"是不能变的，第2个单词是你授业恩师的ID，第3个单词是你想学的skill名称，第4个数值是你想消耗的pot值），如图2-38至图2-40所示。

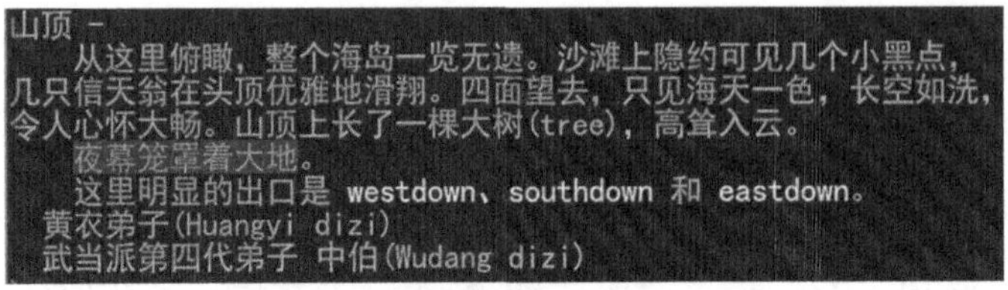

图 2-38　黄衣弟子位置

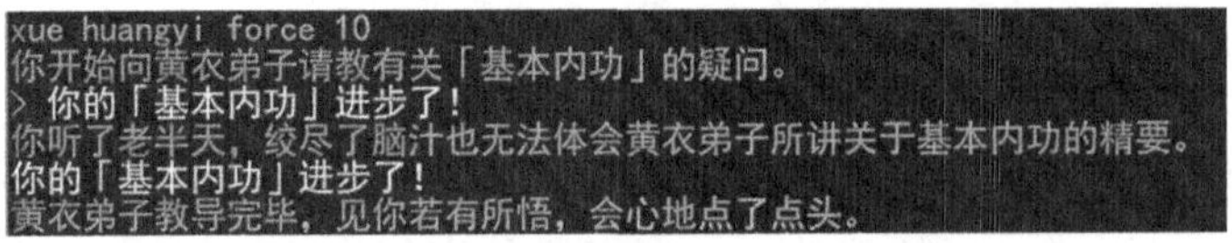

图 2-39　学黄衣弟子的基内（基本内功）

图 2-40 学蓝衣弟子的基内（基本内功）

接下来的两个skills学习房间就没那么好找了，得解一个很简单的quest。

侠客行很多quest是以look为起点的。大伙看到房间描述有些刻意时，不妨敲个l（图2-41至图2-43）。张三同学似乎想问为啥雨衣会被挂在树上？因为今天天气不错哈。

图 2-41　瀑布 quest 1

图 2-42　瀑布 quest 2

图 2-43　瀑布 quest 3

literate的授业恩师位置特别好记：跳进瀑布，向北一步，向东一步即可（图2-44）。学习cmd不再赘述。

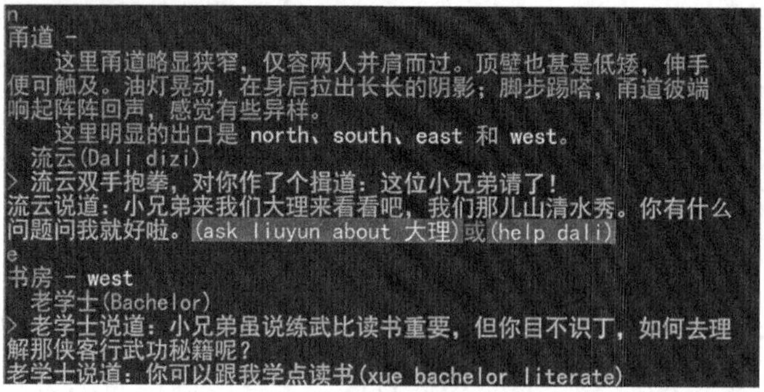

图 2-44　老学士的位置

taixuan-gong的学习位置难找得多，大伙跟我来（图2-45）。

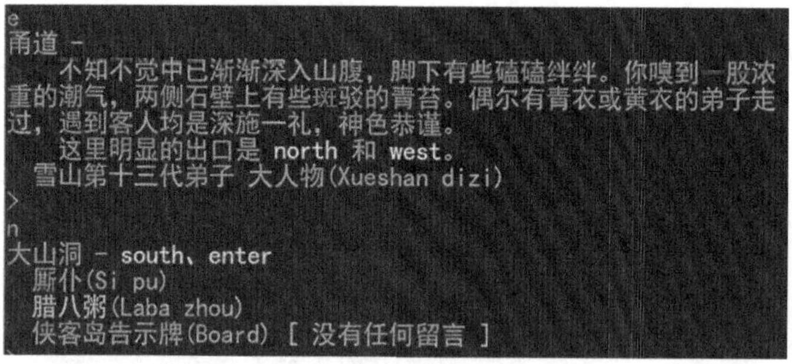

图 2-45　厮仆的位置1

跳进瀑布之后，向东一步，向北一步，可以进到房间。enter之后，可以一步步见到岛主。大伙视力没问题的话，可以看到图中高亮显示了"腊八粥"。这是主ID需要长期留在侠客岛打坐到850最大内力才出岛的最主要原因。按照侠客行MUD的设定，临时内力达到最大内力的双倍时，最大内力才会增加一点。虽然离岛之后，有少数灵丹妙药（如大还丹、菩提子）可以实现最大内力增加的功能，但是刷它们的玩家太多了，很难抢到。而岛上的腊八粥是无限供应的：地上有的话，可以直接喝；地上没有的话，可以直接向厮仆要。每碗腊八粥都能随机涨三五点最大内力，非常香，这不，我先干为敬（图 2–46）。

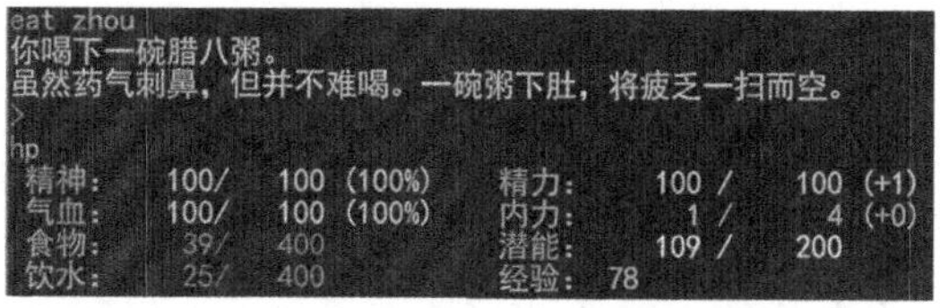

**图 2–46　喝腊八粥**

不好意思，有点跑题了，我们继续讲怎样学 taixuan-gong。

注意这里显示的出口（图 2–47）。有的时候是看不到"enter"的，这时敲"ask si pu about 岛主"即可。

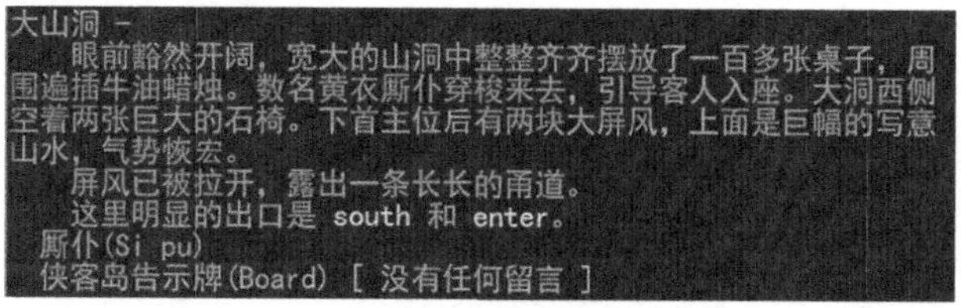

**图 2–47　厮仆的位置 2**

由甬道一路往里走，在两座岛的主房间敲"du wall"便可学习 taixuan-gong 了，见图 2–48。

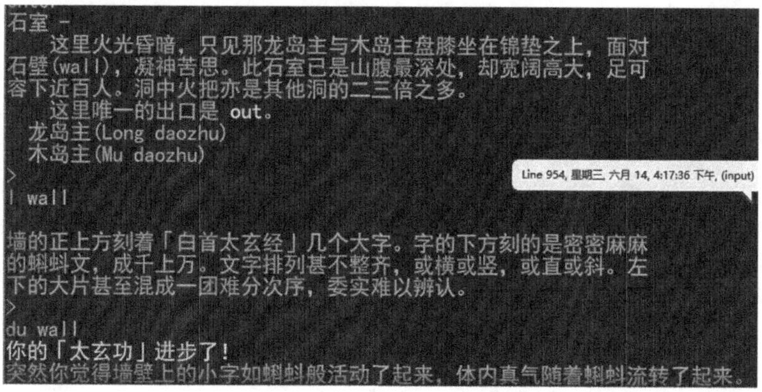

**图 2–48　du wall 的位置**

到这里，侠客岛的事情就告一段落了。其实还有两个比较重要的知识没介绍：在哪儿喝水？在哪儿睡觉？笔者在此卖个关子：这两个房间都在洞内，而且很好找，交给同学们自己发掘吧。

接下来的时间，建议大家放弃练大米，而是用他/她来看帮助文件，尤其是 help menpai 里对各门派的介绍以及玩家心得体会，用心选择主 ID 的天赋及将来所投门派。笔者会把在别人基础上修改的现成的侠客岛 rbt 拿给大家去 Zmud 里挂到出岛为止，数十小时之后，大家就可以体验温室之外真正腥风血雨的江湖了。

# 3  侠客行MUD中Alias的编写及应用

## 3.1 Alias 概况

Alias 是每个 MUD 玩家都需要掌握的客户端功能。原因如前文所述：文字 MUD 是个打字打慢了会"死人"的游戏。笔者至今清晰地记得 1999 年前后玩西游记 MUD 时，方寸山 char 在杀妖怪时拼命敲 "cast lightning on guai"（该 cmd 为对怪放闪电，其杀敌 dps 非常有限，但已经是方寸山 char 杀怪必放的法术了），但是很多时候刚敲半行就被妖怪打死了。当年的笔者年幼无知，虽然是用 Zmud 玩 MUD，但是玩的效果跟 telnet 无异，丝毫没用到 Alias 和 Trigger 这两大利器。这一章，大伙儿随笔者一起，感受 Alias 的便利吧（受限于篇幅及虚拟机截图效果，本教材仅介绍 Mushclient 中的 Alias 和 Trigger。Zmud 中的 Alias 和 Trigger 待机房授课时讲述）。

## 3.2 用 Alias 走路

Alias，顾名思义，是为 cmd 提供缩略功能。如 2.2 中的图 2-7 所示，笔者敲 "nk sha"，直接出了 6 行指令，非常给力。其实，Alias 的应用范围远不止战斗。此处，笔者打算介绍个人认为 Alias 最重要的功能：走路。

如前文所述，侠客行 MUD 有不少 NPC 是叫杀的，也就是说，你只要碰到他/她/它，就会立马遭到攻击。char 小时候，因为这个送命，是很郁闷的。即使 char 长大之后能够反杀这些 NPC，很多时候也不愿为他/她/它耽误做任务的时间（一旦战斗开始，是无法轻易脱身的。一般来说，需要不停地敲

halt指令，然后迈一步脱身，很麻烦）。所以，我们很多时候，不应该一步一步地走路，而是应该用Alias一连串地走路。只要走路的起点和终点没有叫杀NPC，只是路上经过，那我们便只会看到显示一行他/她/它叫杀的信息，完全不会影响赶路。

接下来，猛料出现，同学们瞧好了（图3-1）。

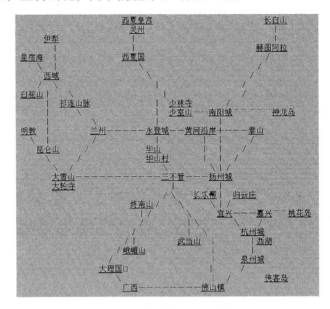

图 3-1　侠客行MUD总图

图3-1是笔者珍藏多年的侠客行MUD地图包中的总图。笔者会在课程开始之前，把这个地图包上传到云盘或ftp，供同学们使用。这个地图包比在游戏里敲help map之类的好用得多，因为它整个被做成了htm形式，邻近的区域可以直接鼠标点击过去看，非常好用。注意，侠客行MUD里的房间总数很多，你如果希望所有的房间两两之间均采用Alias往返，那么你需要$2 \times C_n^2 = n(n-1)$条Alias，这个工作量是非常惊人的。一般来说，我们要做的是在区域之间设定Alias，区域里具体的房间凭玩家东南西北一步步地走。由图3-1可见，侠客行MUD处于交通中枢地位的房间是"三不管"（简称sbg），但是，一般来说，我们写Alias不喜欢以它为起点或终点，主要是

它前不着村后不着店，没有任何配套设施。我们一般将扬州中央广场（通常简称为 cs，即 central square 的首字母）作为起点和终点。扬州的当铺是人气最旺的，你可以在这里买到很多好东西。不仅如此，扬州的配套设施还很齐全：有酒楼卖食物和饮品（前文介绍 hp 时没讲，这里补充。侠客行 MUD 里的 char 需要注意保证 hp 里的"食物"和"饮水"当前值均大于 0，否则，精神、精力、气血、内力的当前值不会随心跳恢复，对 char 的成长极其不利，切记切记！）；有书院学习 literate；有药店出售金创药和蛇药（分别用于疗伤和解蛇毒）；有杂货店出售食盒和火折［火折的出售点另有他处，但是食盒是该店独一份。侠客行 MUD 里，随身携带的食物要放食盒里。侠客行 MUD 里经常要路过厨房，尤其是 qz（全真）厨房，食物裸露在外会被拦住，不让离开厨房。放食盒里就不会被拦了］；有镖局（侠客行 MUD 里有两个镖局，均可做押镖任务。扬州是正神押镖，兰州是负神押镖）。关于扬州的好处，笔者暂时打住，待同学们出岛自己多摸索摸索吧。

说了这么多，又说 sbg 重要，又说 cs 适合做起点、终点，那我们需要做的第一步就显而易见了：做 cs 和 sbg 之间的往返 Alias，废话不多说，走起。

说实话，笔者一直没找到 Mushclient 里做走路 Alias 的捷径。俗话说，"好记性不如烂笔头"，所以笔者在 Mushclient 里做的走路 Alias 基本上是自己拿纸笔记下来，再誊写上去的。不过，cs-sbg 和 sbg-cs 这两个 Alias 显然不存在这个问题，因为这段路已经走过很多次了。cs 如图 3-2 所示。

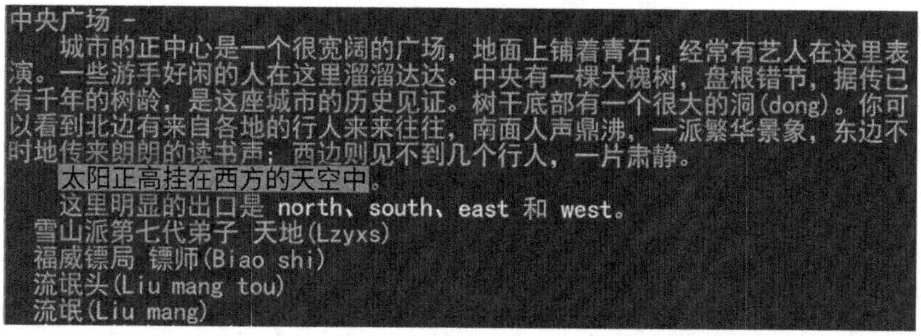

中央广场 -
城市的正中心是一个很宽阔的广场，地面上铺着青石，经常有艺人在这里表演。一些游手好闲的人在这里溜溜达达。中央有一棵大槐树，盘根错节，据传已有千年的树龄，是这座城市的历史见证。树干底部有一个很大的洞(dong)。你可以看到北边有来自各地的行人来来往往，南面人声鼎沸，一派繁华景象，东边不时地传来朗朗的读书声；西边则见不到几个行人，一片肃静。
太阳正高挂在西方的天空中。
这里明显的出口是 north、south、east 和 west。
雪山派第七代弟子 天地(Lzyxs)
福威镖局 镖师(Biao shi)
流氓头(Liu mang tou)
流氓(Liu mang)

图 3-2 cs

这是我们的起点：cs。去 sbg 大体方向是往西，略有一点弯弯绕绕。首先，西6步，到大道（图3-3）。

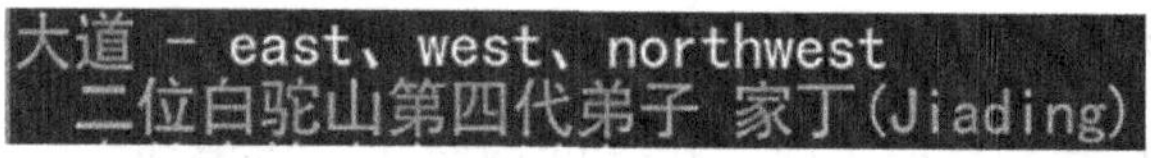

大道 - east、west、northwest
二位白驼山第四代弟子 家丁（Jiading）

图 3-3　大道

西北1步，再西3步，到青石道（图3-4）。

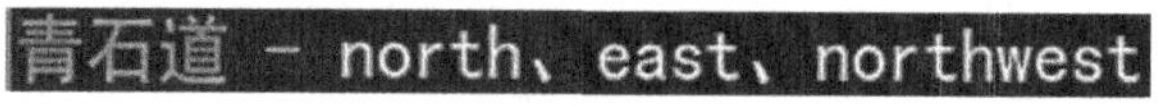

青石道 - north、east、northwest

图 3-4　青石道

再西北1步，西1步，西南1步，西1步，到站（图3-5）。

三不管 -
这里是四川、湖北与陕西的交界，俗称三不管。小土路的两旁有疏疏落落的农舍耕田，几只牛羊正在吃草。路上行人很少，都匆匆赶路。
一轮火红的夕阳正徘徊在西方的地平线上。
这里明显的出口是 east、southeast 和 southwest。

图 3-5　三不管

从 sbg 回 cs 是原路返回，笔者就不再赘述了。接下来，我们开始写这两条 Alias。

在 Mushclient 里，进入 Alias 列表里增/删/改 Alias 的快捷键是"Ctrl+Shift+9"，请同学们牢记。在 Mushclient 里，有个地方不太方便：如果你使用 Win10 操作系统（Win7 似乎不存在这个问题。Win8 和 Win11 笔者没用过，不予评论），并且"显示设置"里的缩放比例不是100%（笔者常年设置的缩放比例是175%）的话，"Ctrl+Shift+9"会显示不全，如图3-6所示。

笔者一直未找到解决这个问题的好办法，一般在写 Alias 或者 Trigger 时临时将缩放比例调成100%或者125%，写完再调回来。

图3-7是缩放比例100%时"Ctrl+Shift+9"的效果，这才是 Mushclient 里 Aliases 的完全体。由图3-7可见，只有5条 Aliases。为什么会这么少？答案很简单，这是个发呆大米对应的 mcl 文件，不是丑人（Qzwdqzwd）的。一般来说，最好为你的每个 char 各配一个 mcl 文件和 lua 文件，混着用只会更麻烦

（相信我）。接下来，点击图3-7中的"添加（A）..."，如图3-8所示。

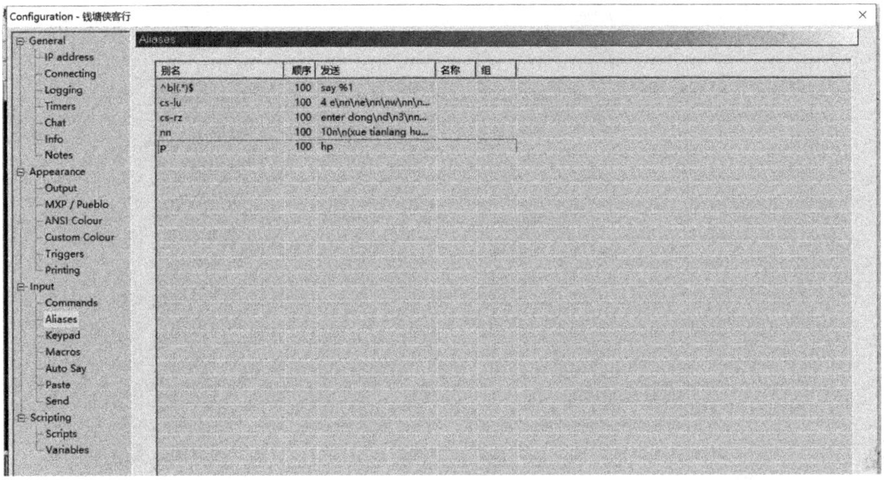

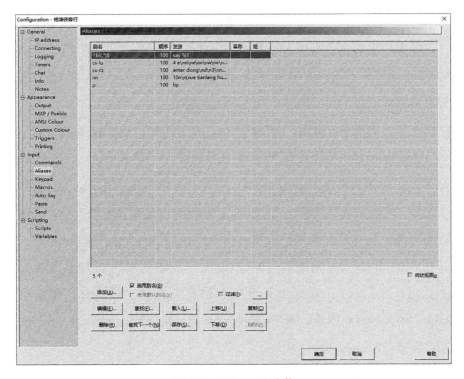

图 3-6　Aliases

图 3-7　Aliases 完全体

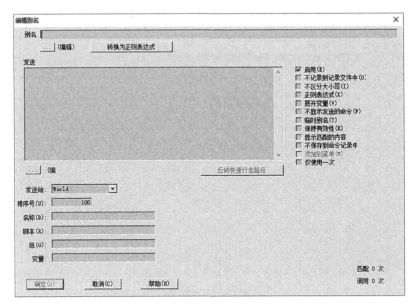

图 3-8　编辑别名

这个窗口里的东西有点多，笔者尽可能长话短说。"别名"这一栏是你想写的 Alias 名称，我们这里暂时填"sbg-cs"。接下来，"发送"这个框里填你具体想走的路，我们把刚才原路返回的路径一步步填上。

接下来，如图 3-9 所示，"发送给"这个下拉框，笔者想多说两句。很多关于 Mushclient 的资料会花费大量的篇幅介绍"快速行走"，即此处的"Speedwalk"。笔者初学 Mushclient 时，也对它很感兴趣。但是，稍微接触了一下之后，发现它徒有其表：它只在写走路 Alias 时能稍微方便一点，其他方面乏善可陈。笔者建议大家使用 Mushclient 时盯紧 Execute 和 Script 即可。至少，笔者用 Mushclient 玩侠客行 MUD 时至今没碰到用它们办不成事的情况。这里，我们选 Execute（此处要解释清楚发送到"Execute"和发送到"Script"的区别有点困难。同学们暂时这么记：需要写 lua 代码选"Script"；不需要就选"Execute"）。

**图 3-9　发送给**

这里有个符号需要说明一下。如图3-10所示，"#"的意思是多次执行指令，"#3 e"是东3步，"#6 e"是东6步，以此类推。接下来，我们如法炮制，把cs-sbg写一下，如图3-11所示。

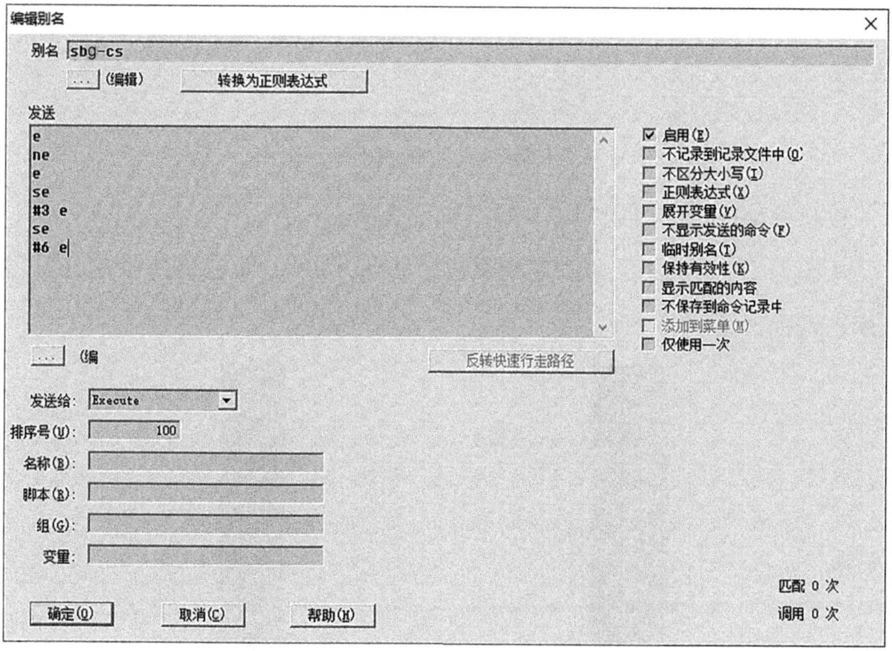

**图 3-10　sbg-cs**

编辑别名                                                                                    ✕

别名 `cs-sbg`

... (编辑)    转换为正则表达式

发送

```
#6 w
nw
#3 w
nw
w
sw
w
```

☑ 启用(E)
☐ 不记录到记录文件中(O)
☐ 不区分大小写(I)
☐ 正则表达式(X)
☐ 展开变量(V)
☐ 不显示发送的命令(F)
☐ 临时别名(T)
☐ 保持有效性(K)
☐ 显示匹配的内容
☐ 不保存到命令记录中
☐ 添加到菜单(M)
☐ 仅使用一次

... (编                                          反转快速行走路径

发送给: Execute ▼

排序号(U): 100

名称(B):

脚本(R):

组(G):

变量:

0 matches.
0 calls.

确定(O)    取消(C)    帮助(H)

图 3-11　cs-sbg

检验劳动成果的时刻到了，我们打个来回。

从图 3-12 中可以看到，直接飙出了 14 条指令，从 cs 迅速抵达 sbg。接下来，返程，见图 3-13。

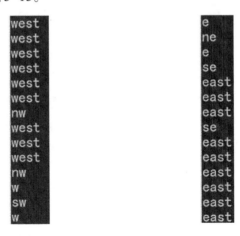

图 3-12　cs-sbg　　　　　图 3-13　sbg-cs

同样，一堆指令飙出来，成功返回 cs。建议同学们自己写一对一对的 Alias 路径时，写完测一遍，这样保险一点。

注意一点：侠客行 MUD 为了防止服务器因瞬时、大量的 cmd 收发而承受过重负担，引入了保护机制。char 如果在 Alias 里写太多 cmd（通常称作 flood，指的是 cmd 像洪水一样泛滥成灾），比如想一口气从 cs 走到丁春秋面前，是会被雷劈的。雷劈的后果有两种：① 玩家被雷打晕在路径上的某处（如果该处恰好有叫杀 NPC 的话，你懂的）；② 玩家躲开雷，扔下身上所有物品，强制性 quit。这两种后果都挺难受的，所以，长路径 Alias 最好分段写，如笔者写 cs 和老丁之间的 Alias 就分成两段。走完第 1 段，歇 3 秒，再走第 2 段，就 okay 了。目前暂时未发现长度有需要分 3 段的情况。

说实话，笔者当时把所有路径用 Alias 写出来，费了不少时间精力。如果同学们想偷懒的话，也无妨。笔者可以把丑人（Qzwdqzwd）的 mcl 文件和 lua 文件分享出来，大家可以省时省力。

## 3.3　用 Alias 战斗

接下来，回到侠客行 MUD 的重头戏：战斗。一般来说，除了极少数任务和/或 skills 学习，如 gb（丐帮）送信之外，玩家都是走路去目的地或目的区域战斗。侠客行 MUD 里的战斗指令普遍不算很长，很少出现方寸山 char "cast lightning on guai" 这样长度 bt 的 cmd，但是如果指令全靠手动一个字母一个字母敲，很多时候也是来不及的。仍然以图 2-7 为例：假如那 6 行指令是笔者一行一行地敲出来的，那么情况如何呢？

第 1 行 "kill sha" 之后，开始与沙通天以性命相搏，因为是手动敲第 2 行 "unwield jian"，所以如果丑人（Qzwdqzwd）手上装备着剑，在战斗刚开始的几秒中，会用 tjj（太极剑）与沙通天战斗。不过好在丑人（Qzwdqzwd）没学tjj，刚进入游戏不存在当铺买剑以及装备剑，所以这波不亏。接下来第3行"jifa parry taiji-quan"算是"unwield jian"的姊妹对。同学们请注意：侠客行MUD里的"招架"做得是很严谨的。你空手时，如果jifa（激发）parry（招架）使用兵器skill，那么你的招架是无用功；使用兵器时，jifa parry为空手skill，情况类似。所以一般来说，要写一对Alias，以保证装备/卸下兵器时，激发招架立即跟着变。接下来，第4行和第5行也算是姊妹对。侠客行MUD战斗时，可以通过"jiali"和/或"jiajin"指令来加强对对方气血的打击力度，代价是消耗内力和/或精力的当前值。但是，如前文所述，perform nian是个另类：它打的是精神，而不是气血。所以，我们应该尽可能地在perform nian施放之前，减少内力和/或精力当前值的消耗（顺便提一下，jiajin无法设为0，最小只能取1，没办法，侠客行MUD就是这么设定的）。所以，如果手动敲第4行和第5行，可能无法止损，即施放perform nian之前，白白浪费了内力和/或精力。第6行即该场战斗的核心：施放perform nian。可能有的同学觉得："我晚几十秒敲第6行，也就杀怪晚了一点点而已，有什么要紧？"太要紧了！一方面，perform nian是有特殊招架功能的（该功能太香了！整个侠客行MUD带特殊招架的skill屈指可数。该类skills能大大保护char的血量，极大提升做任务的效率。估计没哪个玩家喜欢做任务被妖怪砍掉大量气血上限，费时费力地去熬药或者疗伤吧？）；另一方面，perform nian开始打精神之后，怪会开始不断地"yun regenerate"（用内力补精神），要知道，战斗中无论是用内力补精神/精力/气血，都是会造成busy的，也就是说，补完之后会处于被动挨打的局面，所以从之前的截图里可以看到，沙通天从头到尾基本上没怎么还手，粘着粘着就被打趴下了。最后说一个不太重要的点：侠客行MUD里的刀剑不会砍钝（但是有可能断掉），但是防具是有耐久度的；刀和剑砍在铁甲上，砍多了是会砍废铁甲的。所以，perform nian敲得晚了，会被刀剑多招呼几下，完全不值得。

讲了这么多，同学们可能不耐烦了：你"nk sha"这条Alias到底是怎么写的？不急不急，笔者立马上图（图3-14）。

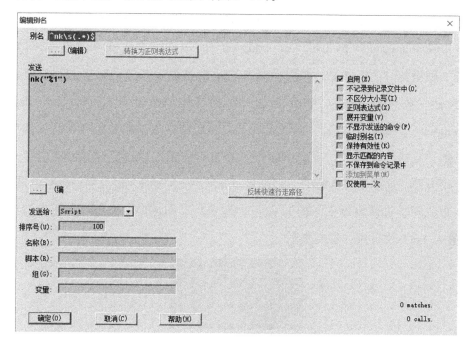

**图 3-14　nk**

同学们可能一看就蒙了，你写的什么火星文？能不能整点类似"cs-sbg"和/或"sbg-cs"那样我们能看懂的东西？大家少安毋躁。从这里开始，我们才真正押到本教材的题：客户端编程。从此，本教材的难度将陡增，请同学们系好安全带，跟笔者一起享受爬坡过坎的快感。

首先，请注意图3-14右侧那一列单选框：其中，"正则表达式"是打上钩的。也就是说，我们这条Alias不是在输入框里敲入"^nk\s（.*）$"去用的，而是要通过一些通配符匹配的方式来用。注意，图3-14中"别名"框下方有个变灰了的按钮"转换为正则表达式"。建议需要通配符时，类似笔者操作，在"别名"框中敲完"nk"后，点击"转换为正则表达式"按钮。这样，它会自动给"别名"框首尾分别加"^"和"$"，同时将右侧"正则表达式"单选框打上钩。这样操作相比自己瞎敲，更不容易出纰漏。这里出现了两个通配符："\s"和".*"。"\s"对应我们敲"nk sha"时的空格，".*"

对应"sha"。这里,".*"是一个很常用也很好用的通配符,因为"."可匹配任意字符,紧跟"*",就成了可匹配任意长度字符串。也就是说,我们敲"nk zhangsan""nk lisi""nk wangwu"……均可匹配成功。最后,"别名"框里给".*"包了一对圆括号,表示的是抓取。抓到哪里去呢?抓到"发送"框的%1里去。也就是说,%1的具体取值可以为zhangsan、lisi、wangwu……假如"别名"框里出现不止一对圆括号,那么会有东西被依次抓到"发送"框的%1、%2、%3……里去。注意,"发送"框给%1包了一对双引号,这是不能省略的。否则接下来无法把"sha"作为字符串来处理。细心的同学应该发现了,图3-14里"发送给"写的是"Script",让我们到"丑人.lua"文件里一探究竟吧。

```
nk=function(tar)
  k(tar)
  Execute("ni")
end
```

图 3-15 nk

笔者一直没仔细琢磨专门的lua IDE,觉得UltraEdit用着挺顺手。在里面Ctrl+F,输入nk,立马找到了nk这个函数。注意lua文件里函数的写法:以"函数名=function(形参)"开头,"end"结尾。这个函数内容只有两行,我们先看第一行:它把实参"sha"传给了另一个函数k(.),我们接着Ctrl+F,便可找到它(图3-16)。

```
k=function(tar)
  Execute("kill "..tar)
  SetVariable("tar",tar)
end
```

图 3-16 k

k(.)这个函数也只有两行,其中第1行是调用了Execute(.)函数。这个函数与之前我们写发送给"Execute"的基本相同,相当于把它的参数在输入框里敲出来。".."是lua里的字符串串联运算符,相当于Java中的

"+"，对于我们的实参"sha"来说，这里相当于执行指令"kill sha"。第2行如其名，是给变量设置值。这里是给一个名为"tar"的变量赋值"sha"。注意，对于丑人（Qzwdqzwd）来说，这一行对战斗没什么帮助。但是，如果是别的 cmd 中需要频繁出现敌方 ID 的门派，比如 xx（星宿），这一行便大有用处了。可以看到，k(.) 只贡献了图2-7中的第1行，那么其余5行是从哪里出来的呢？聪明的同学立马就知道了："nk(.) 的第2行嘛！"Bingo！Execute（"ni"）里的"ni"一看就像个 Alias，咱们 Ctrl+Shift+9，立马就逮着它了。

图3-17中"uj"和"j0"是什么？刚才聪明的同学有没有继续聪明呢？Alias 是可以嵌套的！即这里的"uj"和"j0"均为 Alias。我们在 Aliases 里立马可以找着它们。

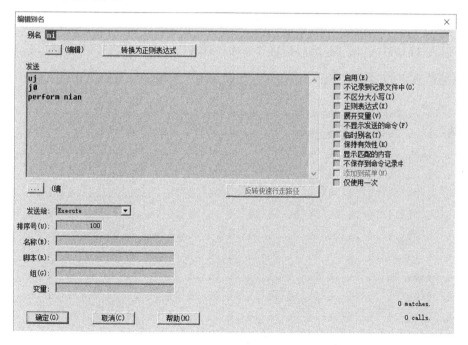

图 3-17　ni

图3-18中的分号是 MUD cmd 中常见的分隔符，也就是说，"uj"相当于执行了图2-7的第2行、第3行。

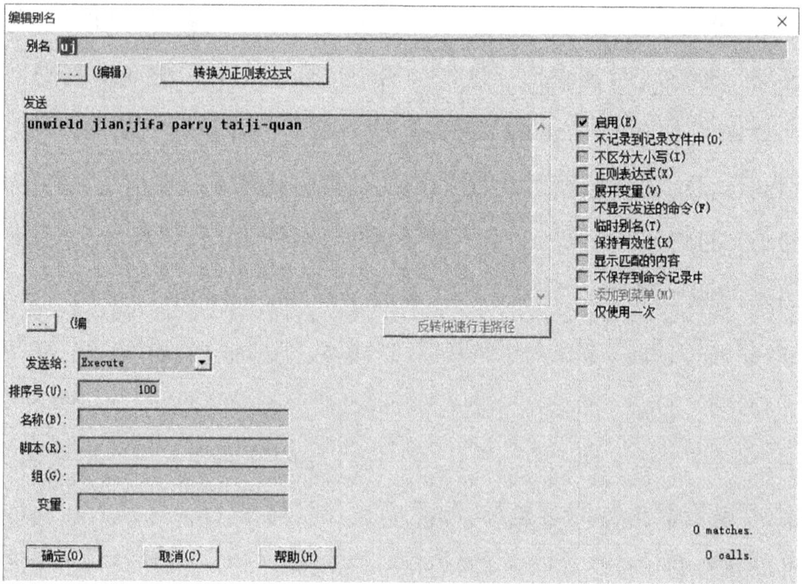

图 3-18 uj

图3-19中"j0"直接对应图2-7中的第4行、第5行，不再赘述。最后也是最重要的一行："perform nian"是在"ni"里最后一行打出来的。

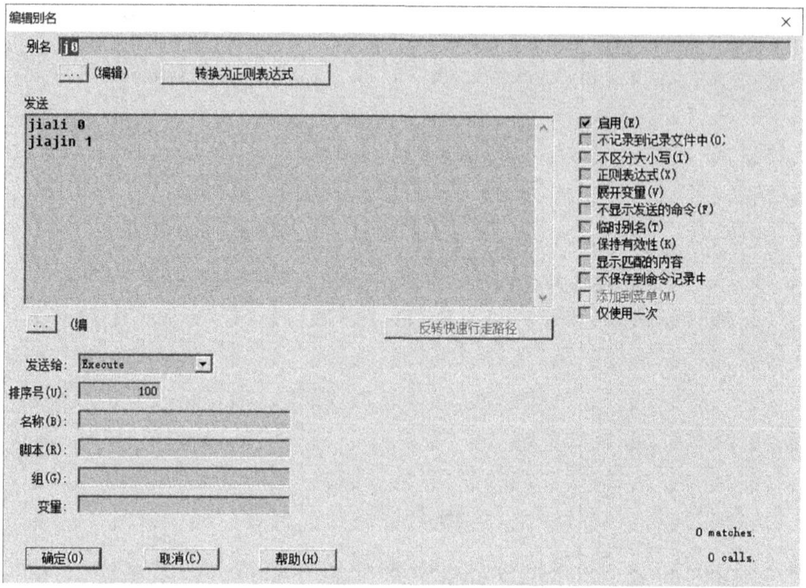

图 3-19 j0

到这里，"nk sha"这一条指令基本上讲完了，但是这一大圈绕下来，同学们可能已经晕头转向了。笔者帮大家再大致捋一遍："nk sha"会以"sha"为实参调用"丑人.lua"中的nk(.)函数，该函数首先调用k(.)函数，对沙通天下杀手并锁定目标，接下来调用"ni"这个Alias完成卸下兵器、jiali/jiajin最少、perform nian这一套操作。

注意，丑人（Qzwdqzwd）已经是笔者的第$n$个char了。但是笔者特别懒，每次练新号都是把之前别的号的mcl文件和lua文件拿过来，在上面增/删/改，因此经常会有一些垃圾信息留存着。比如，"丑人.lua"仍留存着少量xx（星宿）char才用得着的函数。显然，这些东西是会影响效率的。建议大家别像笔者这么懒，是什么门派就只留什么门派的东西即可。

讲到这里，可以暂时与Alias道别了。经过学习，相信同学们可以写出比笔者更加简洁、更有效率的Alias，以应对不同任务的战斗需要。

# 4 侠客行MUD中Trigger的编写及应用

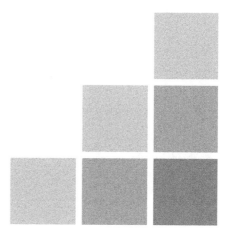

# 4.1　Trigger 概况

Trigger，译为"触发器"。它是文字 MUD 客户端编程最重要的一环，没有之一。文字 MUD 客户端写 rbt 是根据窗口出现的信息，利用事件驱动编程思想，写出一个自动执行、无须人工干预的"机器人"。

笔者当年是在 qz 树林挖药的时候与 Trigger 结缘的。当时的 qz 树林人满为患（现在没有哪个玩家会去做这个 job 了）。挖药时，会随机出现一些动物杀你，其中最难杀的是小豹子，因为它是你的 copy（exp 与你相等，skills 满级）。杀掉小豹子会掉落一个豹子胆。这个东西非常好：它不仅会增加你的临时内力和精力，还会在短期内提升你的战斗力。但是，侠客行 MUD 与其他很多文字 MUD 一样，对战利品的拾取缺乏保护机制。例如，在《魔兽世界》中，第一个对怪造成伤害的 char 才有资格摸尸体；在《天骄》中，对杀该怪贡献最大的 char 才有资格拾取掉落物品。不得不承认，这是图形 MUD 普遍优于文字 MUD 的一个机制。所以，当时 qz 树林有些素质比较低的玩家一看到豹子胆掉落，就会眼疾手快地捡起来，非常气人。所以，为了自己辛辛苦苦杀小豹子的战利品不被抢，我写了人生中第一条 Trigger：一看到豹子胆掉落就捡起来。然后，我会仔细看窗口信息，看清楚这个豹子是我杀的还是别人杀的。如果是别人杀的，我会把豹子胆递过去，说一句"Sorry, my Trigger."这样，心里舒服多了。当然，我们玩 MUD 需要的 Trigger 远不止这么简单。接下来，让我带领同学们走进 rbt 的世界。

# 4.2　rbt里的Hello World

像我们学习任何一门程序设计语言一样，首先需要来个Hello World。同样，我们也可以来个最简单不过的能运行起来的rbt，当然，可能它像Hello World一样，没有任何实际意义，但是它能帮我们入门。

为了不过多占用丑人（Qzwdqzwd）的人生，这里笔者用仅有的qt的另一个char，也是聊天大米——虚为（Forchat）来编写这个rbt（图4-1）。

您目前的头衔是：【 小沙弥 】 少林派第四十一代弟子 虚为(Forchat)

图 4-1　Forchat

这里，我们做一个有且只有两条Trigger的rbt，实现自嗨打招呼。

此处，我们先敲两个表情出来（图4-2）。

hi
你双手抱拳，作了个揖道：各位英雄请了！
>
bow
你作了个揖。

图 4-2　hi&bow

其实，侠客行MUD里的表情是一大玩点，通过semote指令可以看到，侠客行MUD有628条表情指令，如图4-3所示。

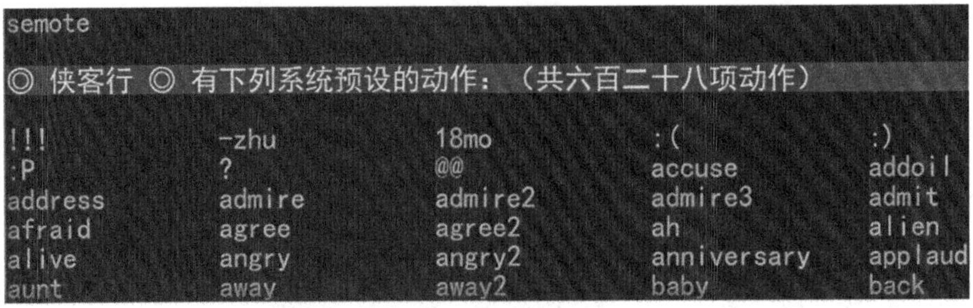

semote

◎ 侠客行 ◎ 有下列系统预设的动作：（共六百二十八项动作）

| !!! | -zhu | 18mo | :( | :) |
| :P | ? | @@ | accuse | addoil |
| address | admire | admire2 | admire3 | admit |
| afraid | agree | agree2 | ah | alien |
| alive | angry | angry2 | anniversary | applaud |
| aunt | away | away2 | baby | back |

图 4-3　semote

一般来说，每条表情指令分3种使用方式：①无对象；② 对象是其他玩家；③ 对象是自己。所以，侠客行MUD里的表情效果有1 000多种！不过，

semote 不是本教材的重点，同学们课余时间随便玩玩即可。

接下来，敲 Ctrl+Shift+8，进入 Triggers 列表，如图 4-4 所示。

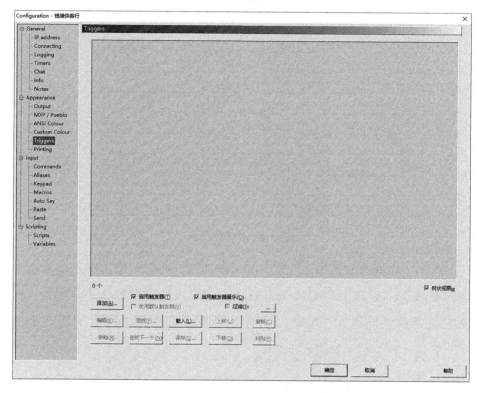

图 4-4　Triggers

可以看到，目前"Triggers"是空的。点击"添加（A）…"，如图 4-5
所示。

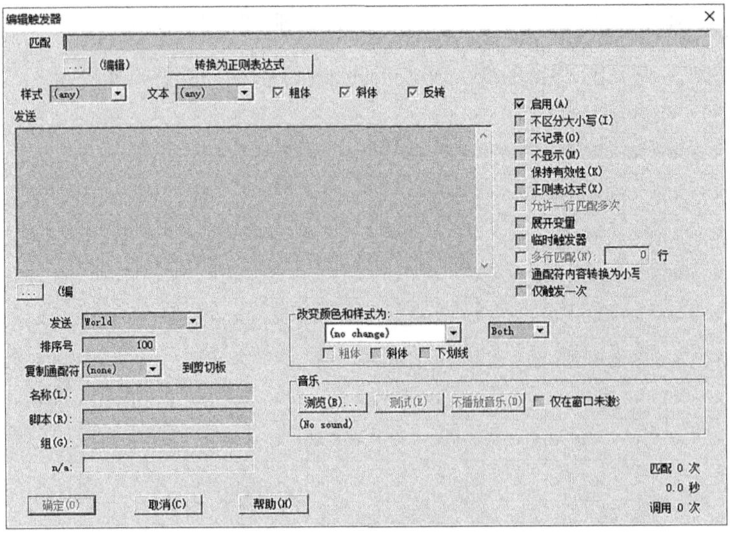

图 4-5　添加 Trigger

　　其中，最重要的是填"匹配"和"发送"。"匹配"负责的是该 Trigger 何时被触发；"发送"负责的是该 Trigger 被触发后要做什么事。比如，把 "hi"之后的效果填入"匹配"，点击"转换为正则表达式"，再在打头的 "^"后补一下".*"，如图 4-6 所示。

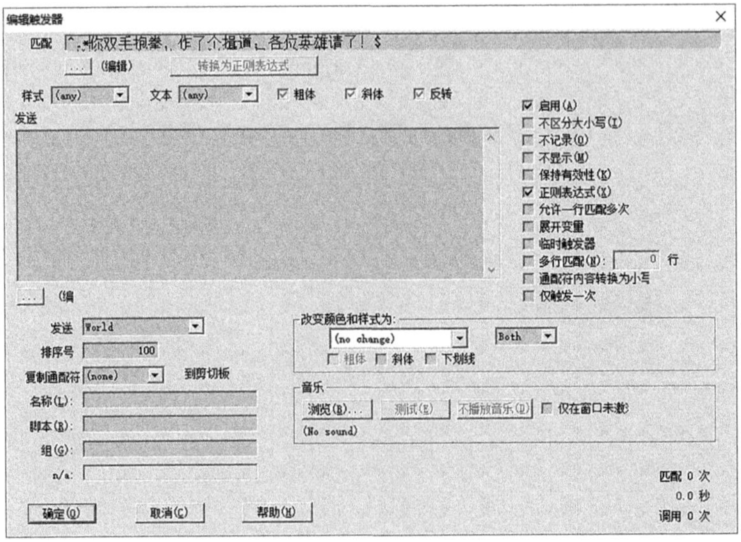

图 4-6　匹配

同学们可能会觉得，这里用正则表达式以及".*"有点多此一举。这里又不像上一章写"nk"时，要考虑"nk zhangsan""nk lisi""nk wangwu"……非也非也！建议大家在写侠客行 MUD 里的 Trigger 时，不管这句是会变的还是不会变的，全部采用正则表达式带上".*"来写，因为侠客行 MUD 有个很烦人的地方：句首时不时会出现尖括号，如图 4-7 所示。

图 4-7 尖括号

据笔者所知，这个烦人的尖括号既没法去掉，也没法预估出现的时刻。如果它出现在空行打头，当然无所谓。但是一旦它出现在我们需要匹配的行的开头，那就糟糕了：我们的匹配会失败！所以，利用正则表达式和".*"，便巧妙地解决了这个烦人的点。

接下来，填"发送"框，里面就一行：bow，如图 4-8 所示。

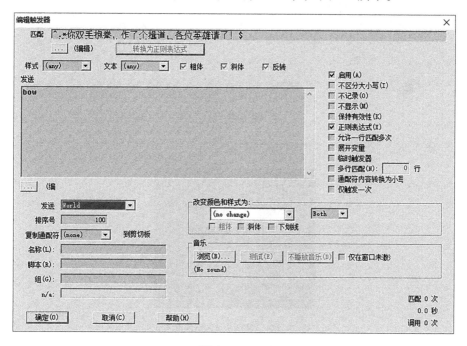

图 4-8 bow

这里"发送"右边的下拉框与上一章基本相同。由于此处不存在解析 Alias 的需求，所以可以用它默认的"World"。

聪明的同学应该马上能想到笔者下一步要做什么：把"bow"的效果粘贴进来，"发送"框写"hi"，形成双指令交替打招呼的自嗨 rbt，如图 4-9 所示。

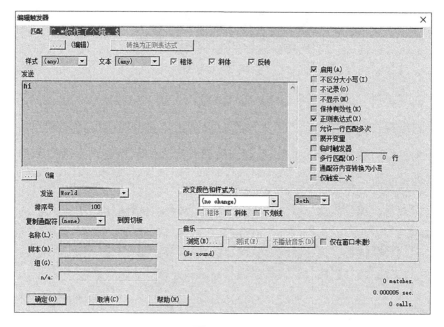

图 4-9　hi

接下来，试运行一下这个 rbt（图 4-10）。

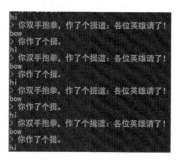

图 4-10　双指令自嗨 rbt 效果

疯狂地刷了好多屏之后，意料之中的雷劈来了（图 4-11）。

```
你的眼前一黑,接着什么也不知道了……
精神:    -1/  100  (100%)    精力:    100 /  100  (+1)
气血:     1/  100  (100%)    内力:      1 /    1  (+0)
食物:     1/  400           潜能:     39 /  100
饮水:     0/  400           经验:      5
慢慢地一阵眩晕感传来,你终于又有了知觉……
```

图 4-11　刷屏被雷劈

　　原因如上一章所述:侠客行 MUD 是有防 flood 机制的。所以,更合理的双指令自嗨打招呼应引入延时机制,即 bow 完了过一小会儿再 hi,hi 完了过一小会儿再 bow……Mushclient 里延时函数有两个:DoAfter(.) 和 DoAfterSpecial(.)。请同学们忘记前者的存在,原因很简单:DoAfter(.) 能做的事,DoAfterSpecial(.) 都能做;DoAfterSpecial(.) 能做的事,DoAfter(.) 未必能做。DoAfterSpecial(.) 是一个三参函数:第 1 个参数是延时时长(以秒为单位);第 2 个参数相当于"发送"框里填写的内容,可以是一些 Alias 或者函数之类的;第 3 个参数是"发送"的下拉框,记住两个值就行(填 10 相当于发送给"Execute",填 12 相当于发送给"Script"),大多数情况下填 10。

　　好的,有了延时的知识,让我们把刚才会 flood 的 rbt 改一改,如图 4-12 至图 4-14 所示。

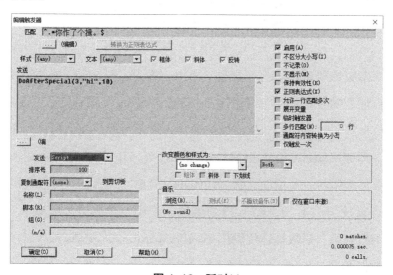

图 4-12　延时 hi

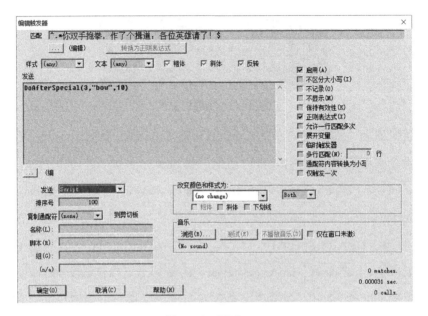

图 4-13　延时 bow

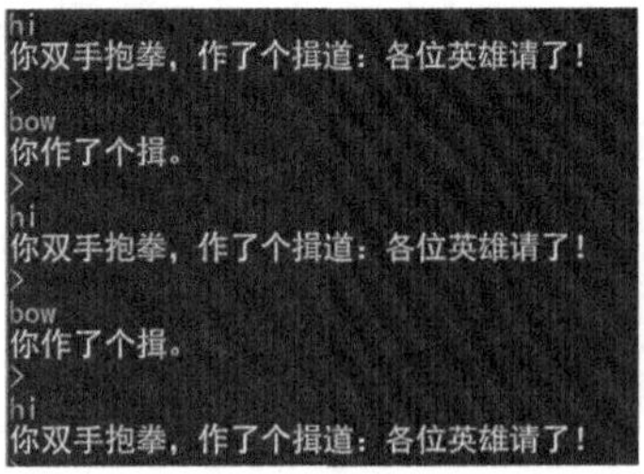

图 4-14　双指令延时自嗨 rbt 效果

现在彻底告别 flood，妈妈再也不用担心虚为（Forchat）被雷劈了。

值得注意的是，图 4-12 和图 4-13 均直接把 lua 代码写进了"发送"框，然后下拉框选了"Script"。这个做法通常来说不可取！我们应该利用 IDE 来写代码，即使简陋如 UltraEdit 或者 Editplus，它们的语法高亮往往也能避免编程时容易敲错的一些情况。除非代码超级简单，或者你对这段代码十拿九稳，才可以效仿图 4-12、图 4-13 的做法。否则，请老老实实地在"发送"框中写函数调用，函数具体代码往"Hello World.lua"里填。

同学们学完这个 rbt，不禁要问："这个 rbt 有什么用？"确实，这个 rbt

没任何用处，纯粹是在刷屏。但是，笔者可以反问一句："同学们初学 Java 时写的 Hello World 有什么用？"同样没有任何用处，不是吗？但是，它给予我们学编程的一种思想：计算机属于工科，跟学数理化不一样。很多时候不是先搞清楚它的内核，再一步步拓展到它的外延；而是先触碰它的外延，再一步步探索它的内核。一段程序，就算它的算法再精妙、思路再高明，只要它运行不起来，也只能被判定为失败的程序。这就是 Java 的 Hello World 程序给我们的启示：不管我们什么时候写一个架构多复杂的程序，先让它跑起来再说。所有需要精细编写的子函数，先别深究它的细节，拿个 System. out.println（"abc"）；之类的填着。以这种思路写一个大型程序，一开始它是不折不扣的垃圾，因为没实现任何功能。但是，它能保证接下来的每一步编写过程，都是可运行且可调试的，这样远比一开始就闷声扎进某些函数精细结构中要好得多（那样可能导致整个程序好多天都无法运行且无法调试）。

同样，我们用 Mushclient 写的这个 rbt，也体现了写 rbt 的基本思路：我们要把它写成一个死循环。这个 rbt 不停地 hi，bow，hi，bow……，做且只做这两件事，这是很多时候写 rbt 需要达到的效果。比如，练基本掌法（strike）的前 101 级，需要用到打木头人 rbt。这个 rbt 就反反复复地做两件事：累了睡觉，醒来去打木头人，累了再睡，睡醒再打木头人。当然，这里包含的代码不像 hi 和 bow 这样简单，但是大致思路是相仿的。这里笔者卖个关子，暂时不教大家写打木头人 rbt，而是教大家在本节 rbt 的基础上写一个有实际意义的 rbt：打招呼 rbt。

## 4.3　打招呼 rbt

注意，这个 rbt 不是死循环，同时，运行该 rbt 的 char 最好别位于人流量大的房间，如 cs 或 sbg（雷劈的滋味你懂的）。该 rbt 的功能很简单：向进入本房间的 char 打招呼。废话不多说，开始。

由图 4-15 可见，在侠客行 MUD 里，别的 char 进房间有两种不同的提示语句，即"某某某快步走了过来"和"某某某走了过来"。据笔者所知，这两种语句是随机出现的，并不表示前者比后者走路更匆忙。但是，注意笔者前面所讲过的，侠客行 MUD 更注重的是英文 ID，而不是中文名。例如，现在去扬州当铺尝试 hi 一下别的 char，如图 4-16 所示。

图 4-15　扬州东门观察来往行人

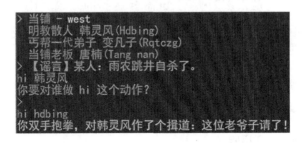

图 4-16　hi hdbing

由图 4-16 可见，hi 别的 char 的中文名是无效的，必须 hi 英文 ID。但是，由图 4-15 可见，我们只能看到 char 顶着中文名走过来，那么，如何获取与该中文名相应的英文 ID 呢？此处介绍一条重要的指令——"id here"。这条指令能显示当前房间所有中英文名对应列表（当 char 要应对 pker 时该指令非常重要。因为在侠客行 MUD 里，pker 是可以戴面罩、把自己的中文名变成

"蒙面人"的,但是英文ID变不了。所以,请记好你的仇家,好好练功,也许会有报仇雪恨的一天),如图4-17所示。

图 4-17  id here

写到这里,聪明的同学应该明白整个rbt的思路了:从char走过来的语句中抓取其中文名,然后立马执行id here,找出相应的英文名,再打个"hi ×××"就okay了。

值得注意的是,此处我们需要抓取句首出现的中文名。但是,如前文所述,它的前面可能有个尖括号,显然我们不能把它一起抓取了。另外,"快步"二字也是我们不希望抓取下来的。所以,笔者发扬"老黄牛"精神,根据是否带"快步"以及是否顶着尖括号,写了4条 Trigger,如图4-18至图4-21所示。

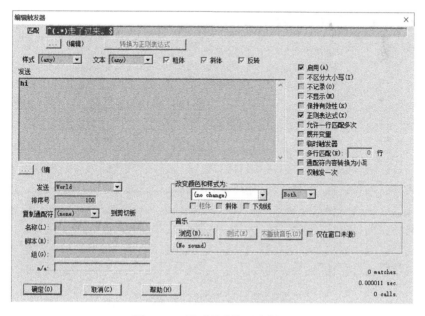

图 4-18  无"快步"无尖括号

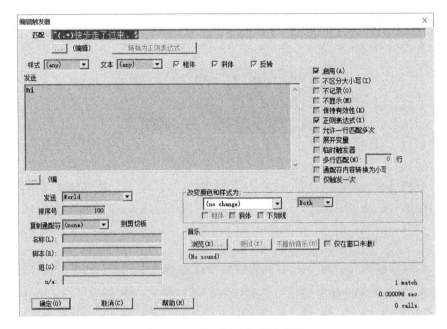

图 4-19　有"快步"无尖括号

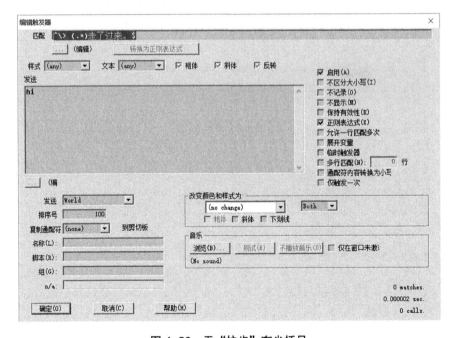

图 4-20　无"快步"有尖括号

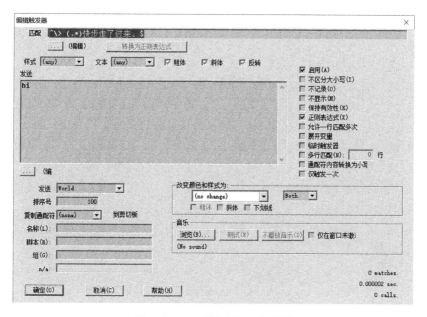

图 4-21 有"快步"有尖括号

接下来，让虚为（Forchat）去扬州东门站一小会儿岗，看看效果（图 4-22）。

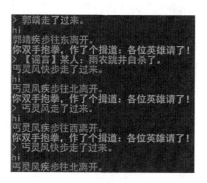

图 4-22 扬州东门站岗

接下来，把图 4-18 至图 4-21 里的"hi"全部替换为"hi %1"，看一下抓取是否有问题，如图 4-23 所示。

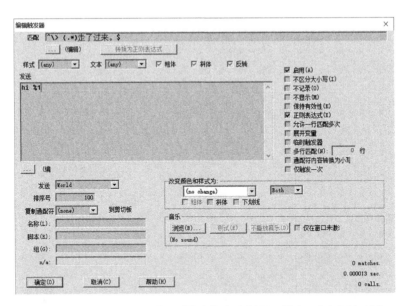

图 4-23　hi 改为 hi %1 （无"快步"有尖括号，其余三条不再复述）

抓取时严重翻车了！尖括号经常被抓取到！笔者分析，这是由它能跟.\*匹配成功所致。笔者不得不查阅资料，重写 Trigger。经过对通配符的仔细思考，笔者将之前的 4 条 Trigger 改为 2 条，如图 4-24 和图 4-25 所示。

图 4-24　无"快步"

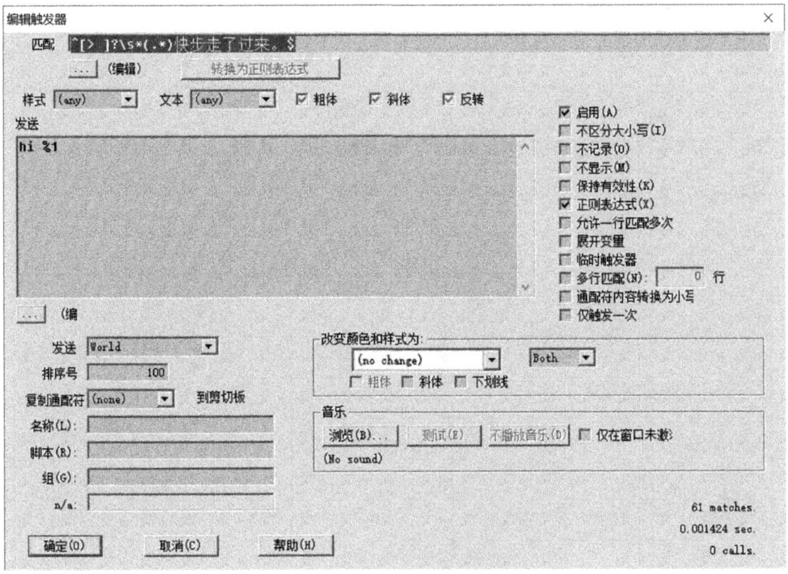

**图 4-25 有"快步"**

稍微解释一下图 4-24、图 4-25 中出现的通配符："[> ]?"表示的是打头带不带尖括号均可，"\s*"表示匹配 0 个、1 个、2 个……空白字符（这是尖括号经常带的，但是没有尖括号时肯定是不带的）。

同学们可能会问："能否进一步把这两条 Trigger 精简为一条呢？"笔者尝试了一下，似乎不行。因为如果给"快步"套个"[]?"，它可以匹配进".*"里，会抓取成"张三快步""李四快步"……

虚为（Forchat）在扬州东门站了几分钟，仔细看了下有/无尖括号以及有/无"快步"这 4 种情况，均抓取正确，接下来我们把 hi %1 替换为真正需要的代码，继续干活。

此处需要的代码比仅一行 DoAfterSpecial（.）稍微麻烦一点，所以，建议老老实实调用函数，在 lua 文件里填代码吧。

两条 Trigger 的发送框均作改动，如图 4-26 所示。注意，"发送"下拉框要改为"Script"。改完没几秒钟就报错了，原因很显然：lua 文件里没这个函数，赶紧补上就可以了。在补完之前，建议把这两条 Trigger 右侧复选框中的"启用"点掉，省得不停地跳出报错框。

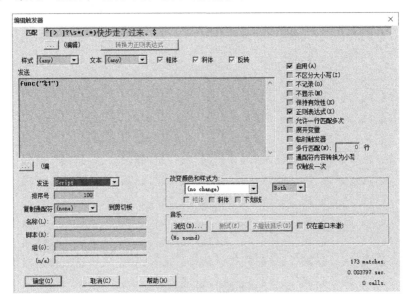

图 4-26 func

如图4-27所示，func函数代码只有两行，分别是把char的中文名记下来以及执行"id here"。

```
func=function(cn_name)
  SetVariable("cn_name",cn_name)
  Execute("id here")
end
```

图 4-27 func 函数代码

接下来，再写一条Trigger，把id here中我们想要的英文ID抓取下来，如图4-28所示。

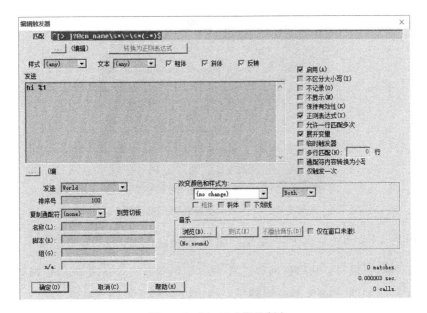

图 4-28　hi %1（最终版）

注意，不管是写 Alias 还是 Trigger，当需要使用变量取值，一律用"@变量名"的写法，并且需要将右侧"展开变量"复选框打上钩。

接下来，把之前点掉的两条 Trigger 的"启用"复选框点回来，测一下效果（图 4-29）。

图 4-29　Forchat 向 Qzwdqzwd 打招呼

至此，笔者在 qt 唯二的 chars 实现了互动：虚为（Forchat）向丑人（Qzwdqzwd）打了个招呼。

接下来，虚为（Forchat）去扬州东门迎来送往吧（图 4-30）。

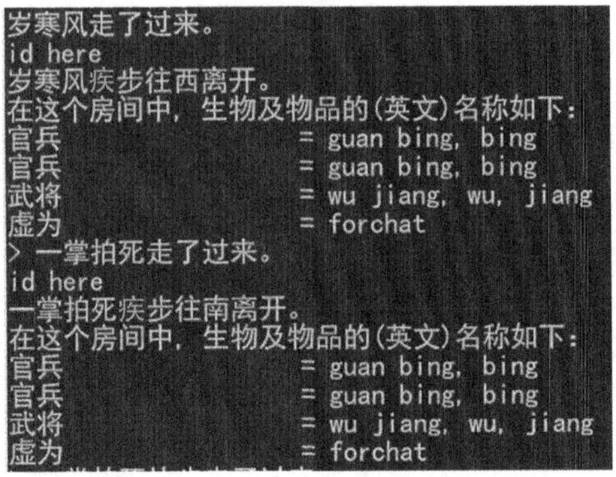

**图 4-30　Forchat 在扬州东门打招呼**

虚为（Forchat）站了一会儿，遗憾的是，没有一次成功地打了招呼，主要原因显而易见：id here 需要一定的时间出结果，如果路过的 char 在这之前离开房间的话，就打不成招呼了。没办法，笔者连 qt 的延迟就是这么长。无奈之下，笔者尝试登录 ln，仍然登不上，不禁想起了之前写侠客岛时登录过的非官方站点。在扬州东门站了一会儿，仍没来得及成功打招呼；挪到 cs，总算成功了一回（图 4-31）。

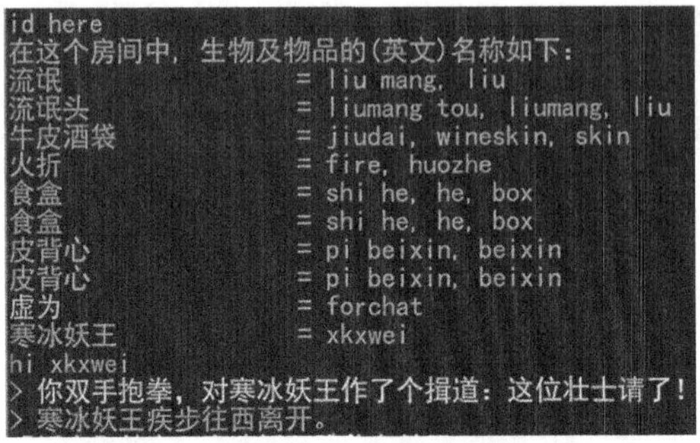

**图 4-31　Forchat 在 cs 打招呼**

之后在 cs 打招呼还成功了很多次，就不一一截图了。

至此，打招呼 rbt 可以告一段落了。说实话，写这个 rbt 碰到的阻力远超笔者的预期，尤其是图 4-18 至图 4-21 改为图 4-24、图 4-25 那一步，让笔者深切体会到自己对通配符的理解是多么匮乏。但愿接下来的几个 rbt 编写过程能顺畅些。

# 4.4　雷洞坪练嗓子 rbt

如果要说侠客行 MUD 最吸引人的地方，笔者可能会列出很多条来。其中一条百分百会出现：侠客行 MUD 绝大多数基本 skills 在 101 级之前有专门的练法，无须消耗 pot。所以，侠客行的 chars 在 exp 100k 前经常做的一件事是 full skills（又是 Chinglish，指的是把 skills 补到 exp 所限制的上限。通常是先补满基本 skills，再用"lian"这个 cmd 配合卧室补满特殊功夫）。在所有基本 skills 中，最重要的是基本内功（force），没有之一。因为内功等级会影响你 yun 的效率（char 可以分别用 yun regenerate/refresh/recover 来用当前内力补精神/精力/气血）；内功等级会与本门心法相结合，影响你的最大气血和/或精神（具体效果因各门派心法而异）；内功等级会影响你战斗时平砍和 pfm 的 dps……

据笔者所知，除了极少数情况（如华山剑宗 char），保持 force 和特殊内功尽可能 full 是百利而无一害的。因此，本节笔者打算把侠客行 MUD exp 100k 前 full 基本 skills 的 rbt 和盘托出，第一个就是雷洞坪练嗓子 rbt。

在写这个 rbt 之前先提一句，第 2 章有个地方没细讲，有同学可能会问："为什么要在侠客岛打坐到最大内力 850？"答案是，这时向岛主请求离岛，他会奖励你 150 点最大内力。同学们可能会接着问："最大内力 1 000 有什么特别之处吗？"太特别了！在侠客行 MUD 里，exp 10k 以上且最大内力 1 000 以上，就可以 do ftb job（做斧头帮任务），这个任务有多香，谁做谁知道。但是，别高兴得太早，你这时的特殊内功是 taixuan-gong，jifa force level 61 是撑不住最大内力 1 000 的，即你这时离岛后立马 quit 的话，relogin（再次登入）后你的最大内力会掉到 900 多。所以，你应该做的是在离岛之后，顶着最大内力 1 000，火速奔向 em，把 force 补到 46 level；这时，jifa force level 69 就可以稳稳撑住 1 000 最大内力了。

注意一点：侠客行 MUD 里的 char 小时候恢复当前精神/精力/气血/内

力最主要的方法是睡觉（有个别例外情况，如xx char，此处不展开）。所以，你full skills的房间可以选择一个离得不太远的卧室，建议你好好利用。雷洞坪在峨嵋山上，继续往山上走的话，有个华藏庵休息室，但是非em弟子会被拦住不让进，因此不作考虑。据我所知，男char最合适的卧室是山脚的bgs（报国寺）禅房，女char的卧室嘛，由于笔者手头没女char，没法演示，就交给女同学们自己摸索吧（侠客行MUD不少卧室是分男女的，下文如无特别说明，均只提供男卧室rbt）。

说了半天理论知识，别光说不练，登上丑人（Qzwdqzwd）（其实Qzwdqzwd早已过了补force到101 level的阶段，此处我们主要为了写rbt），rbt开搞。

首先，类似于cs和sbg，记一下bgs和ldp（雷洞坪）之间的往返路径。注意，有两条路可以选：十二盘和九十九道拐。建议同学们彻底忘记后者，因为九十九道拐有可能刷出巨蟒（是你的copy，战斗力比小豹子有过之而无不及），对于新手来说是噩梦。走十二盘上山会消耗少量精力，所以，在bgs睡醒出发之前，有必要检查一下当前精力情况，待会儿再细讲。最后说一句，这段山路往返会稍微涨一点点基本轻功（dodge），但是这不是full dodge的主要方式。full dodge的主要方式待下文介绍。

找准bgs的位置，如图4-32所示。

图4-32　bgs

从 sbg 出发，sw;w;s;sw;su;w;enter;w 即可抵达。注意，full skills 不像 do job 那样，一登进来就得买铁甲穿着，但是买食物和水是避免不了的。所以，食盒以及汽锅鸡是必备的，下文不再赘述。

首先是 bgs-ldp，如图 4-33 所示。

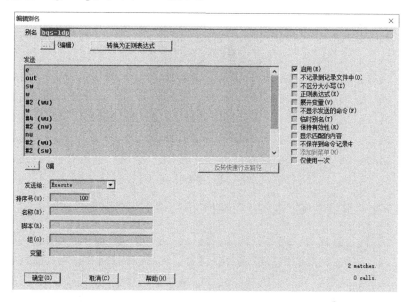

图 4-33  bgs-ldp

图 4-33 中只显示了该路径的一部分，完整的是 e;out;sw;w;#2（wu）;w;#4（wu）;#2（nw）;nu;#2（wu）;#2（sw）;wu;su;#3（wu）;#2（su）。注意，该 Alias 跟上一章介绍 cs-sbg 和 sbg-cs 时有所不同：多处出现了圆括号。这是因为 cs-sbg 只出现了"#数字 单字母"形式的 cmd，而此处出现的是双字母。如果把圆括号去掉，会变成什么效果？如图 4-34 所示。

图 4-34  #4 wu

看到没有？它会把这两个字母拆开，只把第1个字母相应的方向执行多遍，第2个字母相应的方向只执行一遍。

同学们可能会继续问："写cs-sbg或者sbg-cs那种路径的时候，给单字母也包个圆括号，行不？"当然可以！只不过有点多此一举了，如图4-35所示。

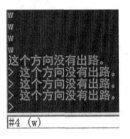

图 4-35　#4 （w）

接下来，继续发扬"老黄牛"精神，把ldp-bgs写出来，如图4-36所示。

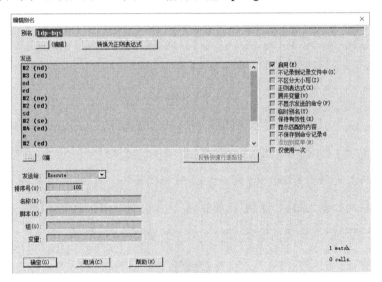

图 4-36　ldp-bgs

完整路径#2（nd）;#3（ed）;nd;ed;#2（ne）;#2（ed）;sd;#2（se）;#4（ed）;e;#2（ed）;e;ne;enter;w。随后，笔者测了一下来回，没有任何问题，okay，继续往下走。

通常来说，full skills rbt 应以 sleep 为开端。以 sleep 为开端的好处是可以保障 rbt 运行的初始房间及 char 的初始状态。下文会介绍爬悬崖 rbt。爬悬崖 rbt 中如果把悬崖中途某段作为开端，绝对会是噩梦。好，开始写雷洞坪练嗓子 rbt 的第一条 Trigger，如图 4-37 所示。

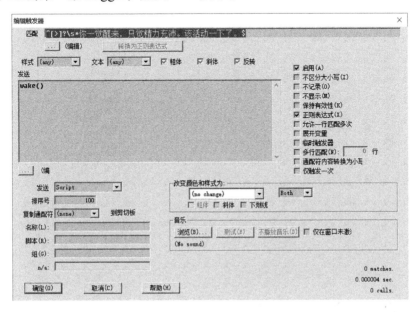

图 4-37  wake（）

如前文所述，上峨嵋山是需要消耗一定精力的，所以一觉醒来我们必须检测 char 的当前精力是否充沛。若不足，则再睡一觉；若充足，则爬山。wake（）的代码如图 4-38 所示。

```lua
wake=function()
    EnableTrigger("checkJL",true)
    EnableTrigger("checkJ",false)
    EnableTrigger("checkQ",false)
    Execute("hp")
end
```

图 4-38  wake（）的代码

后文会介绍，雷洞坪练嗓子是消耗当前精神和气血的，而此处我们仅测当前精力，所以有了前3行EnableTrigger函数。注意，Mushclient里是没有DisableTrigger之类的函数的。所以，想让Trigger起作用，就要给EnableTrigger的第2个参数填true；反之，填false。最后，当然要执行hp指令来看精力啦（图4-39）。

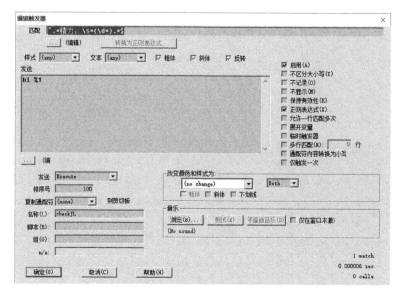

图 4-39　checkJL（乱写）

这是rbt里的第2条Trigger，其名为"checkJL"。注意，"匹配"框中出现了新的通配符——"\d"，它匹配的是数字；后面跟上"*"，聪明的同学可以抢答啦："匹配的是任意长度的数字！"Bingo！

接下来"发送"框里乱写了一下，看有没有抓取成功，测试效果如图4-40所示。

图 4-40　hi　2004

既然抓取到了，我们把"发送"框改一下，如图4-41所示。

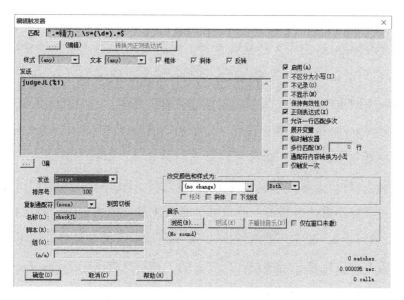

图 4-41 judgeJL（%1）

注意，我们抓取下来是一个数字，别给它画蛇添足地加一对双引号。接下来在 lua 文件写 judgeJL 函数的代码，如图 4-42 所示。

```
judgeJL=function(jl)
  if(jl>400)
  then
    EnableTrigger("checkJL",false)
    EnableTrigger("checkJ",true)
    EnableTrigger("checkQ",true)
    Execute("bgs-ldp")
    DoAfterSpecial(3,"yj;hp",10)
  else
    Execute("yjl;sleep")
  end
end
```

图 4-42 judgeJL 的代码

写了这么久，终于看到一个代码长一点的函数了。这个代码其实很简单，就是个双分支：精力足就不测精力，开测精神和气血（为练嗓子做准备），然后直奔雷洞坪（缓 3 秒再看 hp 是为了避免雷劈）；精力不足就继续睡。此处出现了 yj、yjl 这两个之前没见过的指令，下文会详细介绍，此处不再展开。

下面，笔者稍微解释一下雷洞坪涨 force 的机制（仅限 101 level 之前）。char 在雷洞坪敲 say 指令，会被天雷劈，同时增加 force 小点（侠客行 MUD 中 skills 在当前 level 下积累的点数，达到一定量会使 level+1）。注意，这个雷比 flood 招来的雷更猛：如果你身体健康状况糟糕，它有很大的概率把你劈死。每次 say 被雷劈，都会损耗一定量的当前精神和气血（一般 force level 越高，损耗越多；而且，精神与气血之间越悬殊，损耗会越倾向于让二者更加悬殊）。所以，最好的做法是每次 say 之后，敲 hp 看一下精神和气血是否充沛（最好不看绝对数值，而是看其相较于最大值的比例，如在 1/2 以上或者在 2/5 以上），若充沛就继续 say，若不足就回去睡觉补补。注意，前面说过内力是可以用来补精神/精力/气血的（其指令为 yun regenerate/refresh/recover，往往用 Alias 替为 yj、yjl、yq），但是，三者的效率大相径庭。yj 的效率远胜于 yjl，yjl 的效率远胜于 yq。所以，新手 yq 基本上是浪费内力，不如一心 yj。

接下来，把 checkJ 和 checkQ 这两条 Trigger 写一下（图 4-43、图 4-44）。

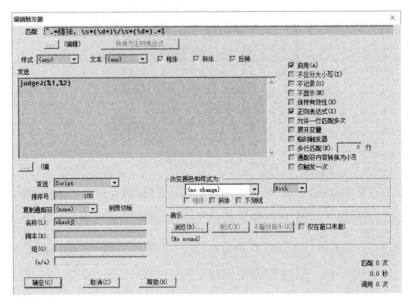

图 4-43　checkJ

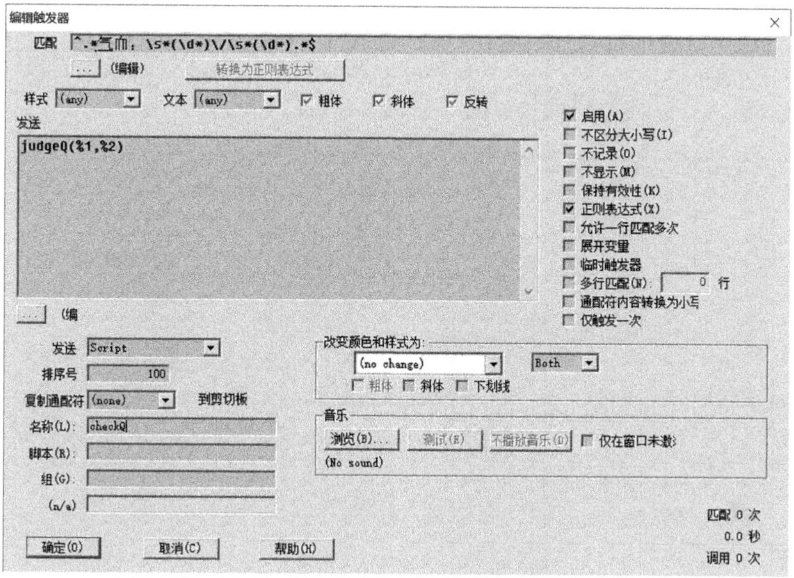

图 4-44　checkQ

因为每次敲 hp 指令都是先出精神再出气血，所以只看精神当前值及最大值，并不能判断此时可否 say。因此，judgeJ 名义上是"判断"，其实只是把当前精神和精神最大值记一下，等 judgeQ 再算总账。judgeJ 和 judgeQ 的代码如图 4-45 和图 4-46 所示。

```
judgeJ=function(j,maxJ)
  SetVariable("j",j)
  SetVariable("maxJ",maxJ)
end
```

图 4-45　judgeJ 的代码

```
judgeQ=function(q,maxQ)
  local j=tonumber(GetVariable("j"))
  local maxJ=tonumber(GetVariable("maxJ"))
  if(j>maxJ/2 and q>maxQ/2)
  then
    Execute("yj;say")
  else
    EnableTrigger("checkJ",false)
    EnableTrigger("checkQ",false)
    DoAfterSpecial(3,"ldp-bgs;chi;cha -c;sleep",10)
  end
end
```

图 4-46　judgeQ 的代码

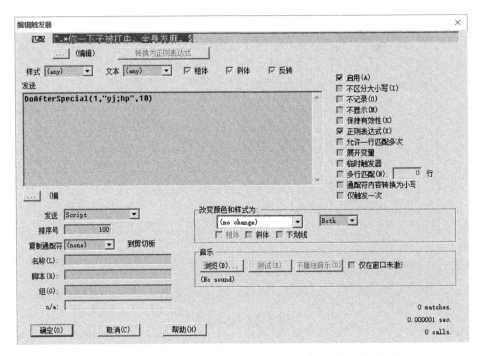

图 4-47  被雷劈之后（因为只有一行，又用了不建议使用的写法）

judgeQ 函数把 judgeJ 函数里记下的变量抓取出来［注意，默认抓取出来是字符串类型的，要用 tonumber（）函数转换成数值型］，然后进行判断：当前精神/气血均在 50% 以上时，yj，练嗓子；否则，不测精神和气血，回 bgs，吃汽锅鸡，查技能等级，睡觉。

此处出现了一个之前没提过的指令："cha –c"，这是侠客行 MUD 中用来分类显示 skills 等级的。但是，每次在里头盯着看 force 那一行时，很费眼神对不对？贴心的函数来也：SetStatus（）！这个函数可以让信息显示在状态栏上，再也不用担心看不清技能等级了！ Trigger 走起（图 4-48）。

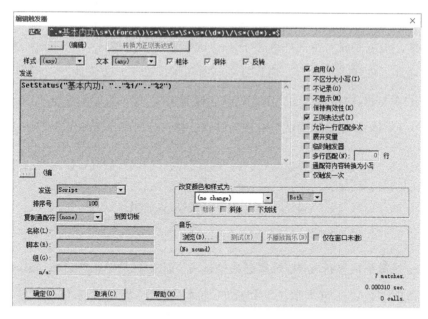

图 4-48　SetStatus

注意，图4-48中出现了新的通配符——"\S"，它可以匹配任意非空白字符（有点类似跟\s相反）；随后接的"+"，表示它重复出现一次或更多次。说实话，用它主要是对付cha –c里force那行"管窥蠡测"这4个汉字。笔者一开始想当然地给这4个字写了".*"，但是发现这样写，后面一大片会被它吃进去，根本找不着force level，所以，就想到它了。当然，这里能使唤的不止它一个，同学们可以多查查资料，笔者在此就不展开了。

最后，我们看一下这条Trigger的劳动成果，如图4-49所示。

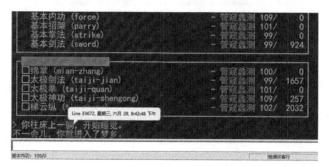

图 4-49　状态栏显示基本内功level

丑人（Qzwdqzwd）顶着 109 level 的 force 当了半天工具人，不厌其烦地被雷劈，最后完成了雷洞坪练嗓子 rbt。同学们可能会被这个 rbt 吓到：才 full 一项 skill，rbt 就这么难写，那我其他 skill 还学不学了？大家放心，雷洞坪练嗓子 rbt 是 skills 中最难写的，啃完这块"硬骨头"，接下来咱们来个小"甜品"调剂一下（该 rbt 在后续调试中发现大问题，修订后的版本请参见附录 B）。

## 4.5　全真打木头人 rbt

qz 是每个侠客行 MUD 玩家必去的地方，原因很简单：练基本 skills。重阳宫里能练 strike（基本掌法）和 cuff（基本拳法），后山能练 dodge（基本轻功）、force（基本内功）、parry（招架）。本节先介绍 strike 的练法。

丑人（Qzwdqzwd）从 sbg 一路爬终南山，到重阳宫大门时，吃了闭门羹，如图 4-50 所示。

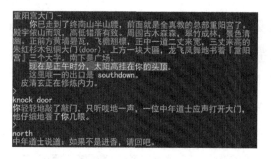

**图 4-50　重阳宫大门**

重阳宫大门是只对 qz char 开放的。丑人（Qzwdqzwd）爬了半天山，怎么可能这么容易就泄气呢？这么大的宫殿，除了正门，肯定还有侧门，对不对？Bingo！

从大门开始，sd;wu;nd;n;#3（nw）;ne;nu;e;open door;s，就到了著名的 qz 厨房，如图 4-51 所示。

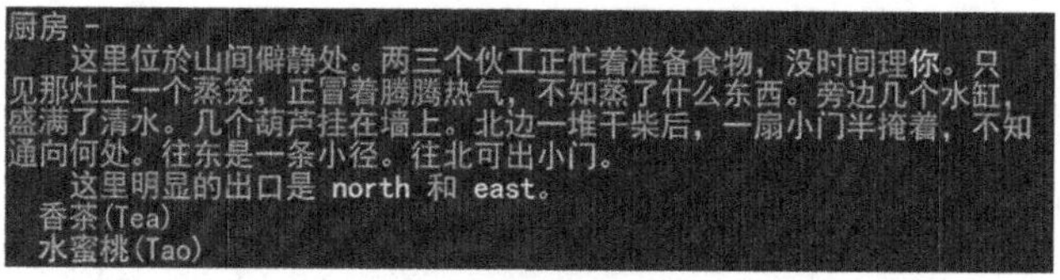

**图 4-51　qz 厨房**

这应该是整个侠客行 MUD 最著名的厨房了，因为它教会每个新手一件事：侠客行 MUD 里，裸露在外的食物是无法带出厨房的。这就是每个 hh 上线先购买一两盒汽锅鸡的最主要原因。

从厨房出发，e;n;e;n;e;e，就到了 qz 男卧室，如图 4-52 所示。

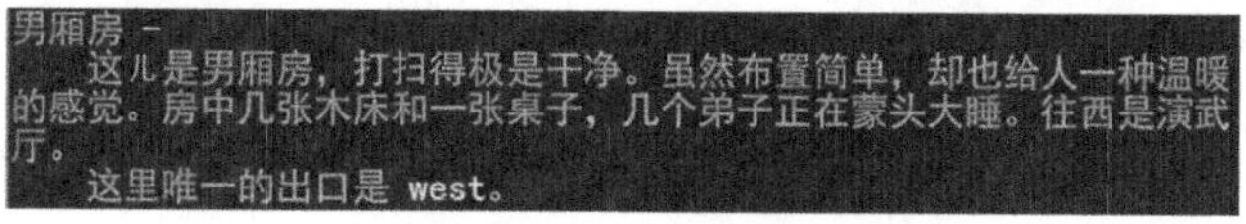

**图 4-52　qz 男卧室**

先不急着睡，我们像雷洞坪练嗓子 rbt 一样，写好卧室与练功场之间的路径再说。

从男卧室出发，#2 w;#3 s;sw;sd;w，就到了 qz 练功场，如图 4-53 所示。

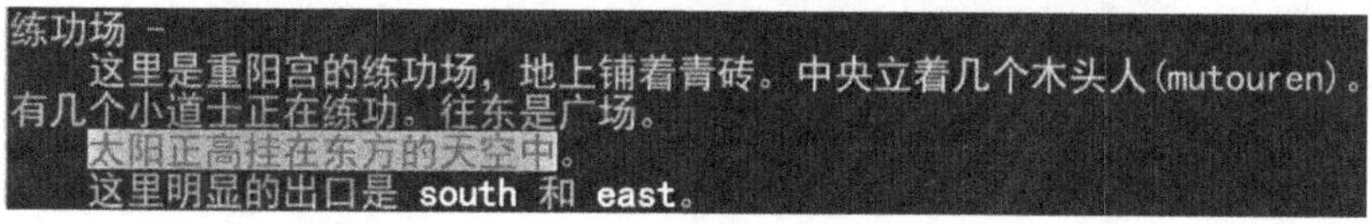

**图 4-53　qz 练功场**

不得不说，侠客行 MUD 的 wiz 做得太细心了！这样细致的提示，让你想不知道这里能练 strike 都不行。

老规矩，回卧室的路也记一下：e;nu;ne;#3 n;#2 e。卧室到练功场的路径和练功场到卧室的路径分别命名为 ws-lgc 和 lgc-ws，如图 4-54、图 4-55所示。

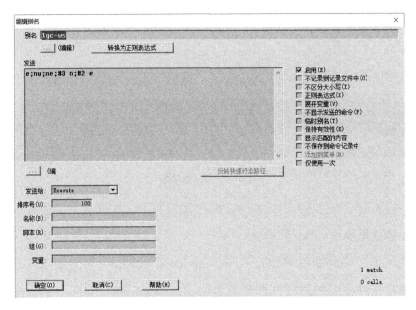

**图 4-54　ws-lgc**

**图 4-55　lgc-ws**

　　注意，这两个Alias的"发送给"不能用默认的"World"，而应改为"Execute"，因为需要解析"#"这个符号。试了一下，往返正常，okay，我们接着往下。

此处稍微说一下 strike mutouren 的机制。strike mutouren 耗且仅耗当前精力和当前气血各25点，与 strike 的 level 无关。并且，暖心的是，它不像雷洞坪那样有可能被雷劈死：当前精力和/或当前气血过低时，它会提示你。所以你完全不用担心打木头人打到自己死亡。所以，总体来看，这个 rbt 比雷洞坪练嗓子 rbt 好写多了。

国际惯例，第一条 Trigger 仍然是一觉醒来，如图4-56、图4-57所示。

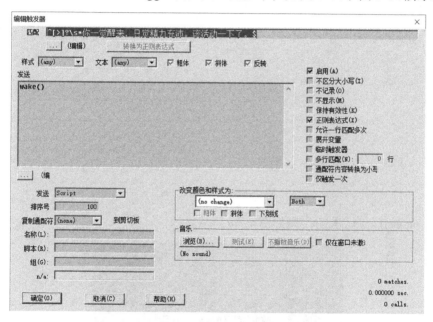

图4-56 wake（）

```
wake=function()
  EnableTrigger("checkJL_ws",true)
  EnableTrigger("checkJL_lgc",false)
  Execute("hp")
end
```

图4-57 wake（）的代码

注意，这个 rbt 有两处需要检查当前精力：卧室和练功场。侠客行 MUD 里有个设定：char 当前精力过低是走不动路的。所以一觉醒来，我们得先看一下当前精力情况：充足，则去练功场打木头人；不足，则 yjl，睡觉。

先写 checkJL_ws 这条 Trigger，如图 4-58 所示。

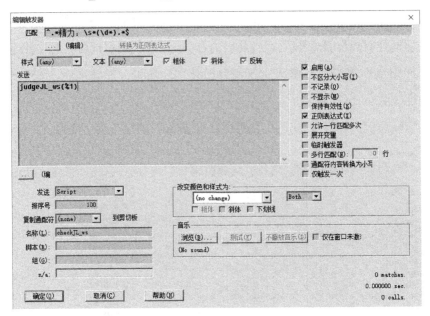

图 4-58　checkJL_ws

judgeJL_ws（）的代码如图 4-59 所示。

```
judgeJL_ws=function(jl)
  if(jl>400)
  then
    EnableTrigger("checkJL_ws",false)
    EnableTrigger("checkJL_lgc",true)
    Execute("ws-lgc")
    DoAfterSpecial(3,"yjl;hp",10)
  else
    Execute("yjl;sleep")
  end
end
```

图 4-59　judgeJL_ws（）的代码

在练功场的思路也很简单：当前精力充足就 strike mutouren；不足就回去睡觉。接下来，我们写 checkJL_lgc 这条 Trigger，如图 4-60 所示。

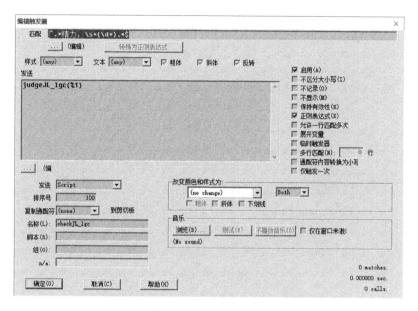

图 4-60 checkJL_lgc

judgeJL_lgc（ ）的代码如图4-61所示。

```
judgeJL_lgc=function(jl)
  if(jl>300)
  then
    Execute("strike mutouren")
    DoAfterSpecial(0.5,"yjl;hp",10)
  else
    EnableTrigger("checkJL_ws",false)
    EnableTrigger("checkJL_lgc",false)
    DoAfterSpecial(3,"lgc-ws;chi;cha -c;sleep",10)
  end
end
```

图 4-61 judgeJL_lgc（ ）的代码

注意，由于我们一直只yjl，没有yq，所以该rbt仅运行一会儿就出现了当前气血不足的情况，如图4-62所示。

```
> 精神:     864/    864 (100%)     精力:     1096 /    2004 (+1)
strike mutouren
 气血:        5/   1727 (100%)     内力:        0 /    1164 (+0)
 食物:      161/    200            潜能:       46 /     161
 饮水:      172/    200            经验:   132490
> 你累得半死，心有余而力不足，手掌都抬不起来了。
```

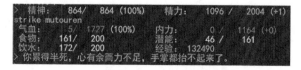

图 4-62 当前气血不足

这时应立即收工，回去睡觉，具体Trigger如图4-63所示。

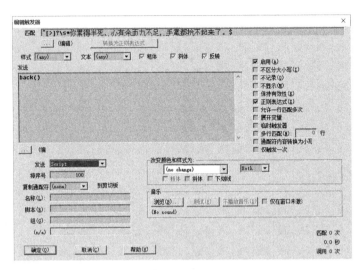

图 4-63  back

back 的代码如图 4-64 所示。

```
back=function()
  EnableTrigger("checkJL_ws",false)
  EnableTrigger("checkJL_lgc",false)
  DoAfterSpecial(3,"lgc-ws;chi;cha -c;sleep",10)
end
```

图 4-64  back 的代码

最后，类似雷洞坪练嗓子 rbt，把基本掌法 level 显示在状态栏，如图 4-65、图 4-66 所示。

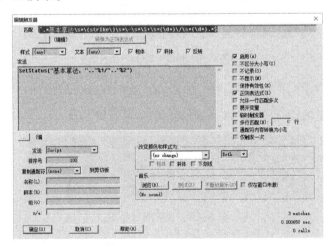

图 4-65  基本掌法 level 及小点抓取

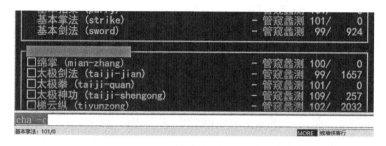

**图 4-66　基本掌法在状态栏中的显示效果**

至此，qz 打木头人 rbt 算是基本完成了。说实话，这道"甜品"比笔者想象中难啃得多。原以为写它会比写雷洞坪练嗓子 rbt 耗时少很多，没想到相差无几。本节开头提到，qz 还能练 cuff、dodge、force、parry。其中，练 cuff 与打木头人过于雷同，所以本书不打算介绍。qz 练 parry 过于低效，练 force 过于凶险，笔者极不推荐。而 dodge 为笔者所力荐，接下来马上进行介绍。

# 4.6　全真爬悬崖 rbt

在写爬悬崖 rbt 之前，笔者想先说一下关于 qz 后山的知识。第 1 个知识是去 qz 后山的路径。同学们可能觉得既然重阳宫大门有路径能绕过去，那么后山是不是也能绕过去？答案是有的！不过，这个答案不完全正确。qz 后山确实可以从重阳宫大门西边经过太乙池抵达，但是这条路径效率极低，因为在太乙池里游泳是比较费时间的。而且太乙池里游泳只涨一项 skill：swimming。据笔者所知，这项 skill 只对 gm（古墓）char 有帮助。去 qz 后山真正高效的路径是走青城（qc）边上的沙漠（新手不用怕，这个沙漠不像白驼那边的沙漠，不骑骆驼也不会渴死）。

第 2 个知识是爬悬崖 rbt 涨 dodge 小点的细则。悬崖连平地一起共分 5 层（暂分别简记为 F1、F2、F3、F4、F5），基本轻功 level 越高，能抵达的层数就越高（没记错的话，到 F5 需要 dodge level 90）。而且 char 在越高的层间爬上爬下，涨小点就越多。爬悬崖时耗且仅耗当前精力。因此，爬悬崖 rbt 的思路很清晰了：睡好觉之后，直奔悬崖，在力所能及的最高两层间来回爬，并且不停地 yjl 补充当前精力，直到累趴下，去睡觉，如此循环往复。

第 3 个知识是爬悬崖 rbt 卧室（ws）的选取。同学们可能会说，青城沙漠离 cs 不算远，那不如到扬州客店睡觉？这个思路很有问题。首先，扬州客店不是免费卧室，每次住店都要收 5 两银子（5 silver）。你可能会说："爷不差钱。"问题是，扬州钱庄晚上是不营业的，你耗完身上的银子，总不可能每次给 1 两金子吧（侠客行 MUD 的货币兑换规则是 1 gold=100 silver=10 000 coin）？你可能又会说："我趁白天，去钱庄兑一堆 silver 在身上，不就行了？"注意，侠客行 MUD 是有负重这个属性的。char 随身携带过多的 coin 或者 silver 是不明智的选择。

接下来，是更严重的一个问题：扬州客店是独占式的。如果有玩家在客店二楼睡觉，那么即使你给了店小二 5 silver，也是无法挤进去睡觉的，只能在外面干等着。如果咱班几十个同学一起把爬悬崖 rbt 写成在扬州客店睡觉，那就只能排队排到大街上了。

你可能会问："有没有离青城沙漠不算太远，而且免费并允许多人共睡的卧室呢？我可不想从 cs 爬终南山再绕到厨房去睡觉，太累了。"答案是有的！不过，这个卧室虽然不需要消耗品，但是需要携带一个物品：铁八卦。

侠客行 MUD 里，获取铁八卦的方式不少，据笔者所知，最简便的方法是去嘉兴南边的曲三（对金庸小说略有所知的同学可能会知道，他就是曲灵风）那儿买，如图 4-67 所示。

```
> 牛家村 - east、northeast、west
杨铁心(Yang tiexin)
郭啸天(Guo xiaotian)
振威将军 屈堑(Qu qian)
三股叉(San gu cha)
>
east
酒店 - west
酒店老板「跛子」曲三(Qu san)
> 曲三有气无力地说道: 这位小兄弟, 买点五香花生下酒吧。
buy bagua
你从曲三那里买下了一枚铁八卦。
```

图 4-67　买铁八卦

　　接下来，带大家看一下免费并允许多人共睡的卧室的位置，从cs出发，#6 w;nw;#3 w;n; enter;e就到了。接下来如法炮制，写返回路径，然后测一下来回，如图4-68、图4-69所示。

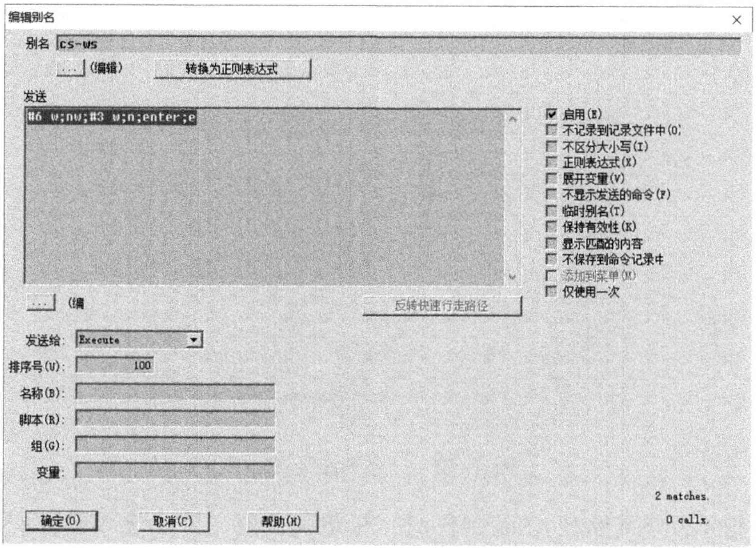

图 4-68　cs-ws

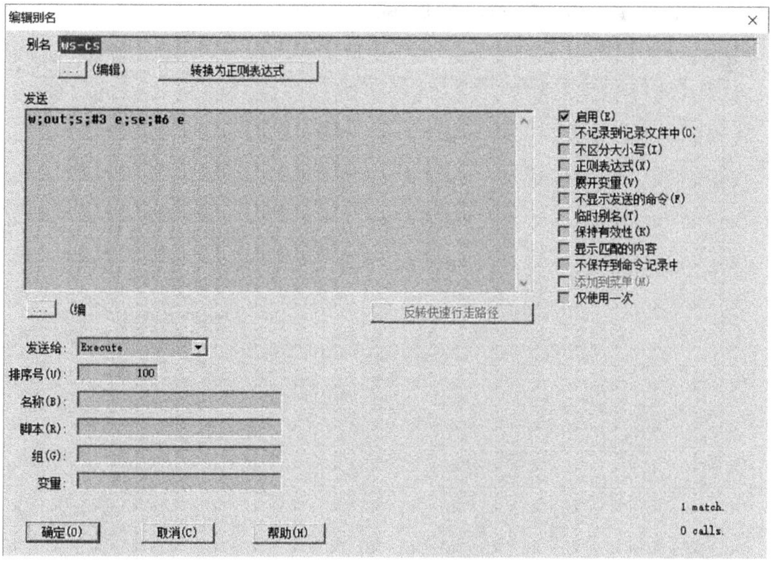

图 4-69　ws-cs

接下来，需要写cs-xy和xy-cs，这里我们引入中转站qc，把这两段路径写成4段，即cs-qc、qc-xy、xy-qc、qc-cs，再把之前ws-cs和cs-ws纳入进来，成了一整段ws-xy和xy-ws，这就是我们需要的最终产品！中间这些副产品Alias截图展示给大家，就不一一介绍了，总之，发扬“老黄牛”精神就对了。

| 别名 | 顺序 | 发送 |
| --- | --- | --- |
| chi | 100 | get ji from he\ndrink ji\nput ji in he |
| cs-qc | 100 | #4 w\n#6 n\ne\nne\n#3 n\n#2 w |
| cs-ws | 100 | #6 w;nw;#3 w;n;enter;e |
| cs-xy | 100 | cs-qc\nqc-xy |
| qc-cs | 100 | #2 e\n#3 s\nsw\nw\n#6 s\n#4 e |
| qc-xy | 100 | n\n#5 e |
| ws-cs | 100 | w;out;s;#3 e;se;#6 e |
| ws-xy | 100 | ws-cs\ncs-xy |
| xy-cs | 100 | xy-qc\nqc-cs |
| xy-qc | 100 | #5 w\ns |
| xy-ws | 100 | xy-cs\ncs-ws |
| yj | 100 | yun regenerate |
| yjl | 100 | yun refresh |

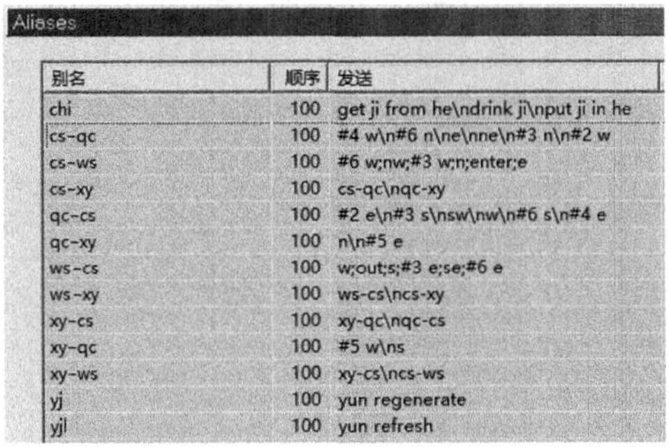

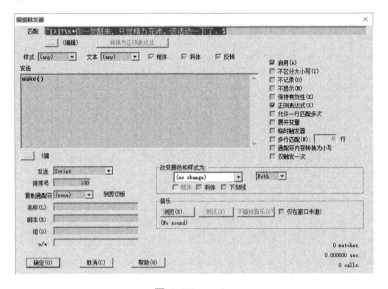

图 4–70　一系列路径 Alias

本书今后涉及路径Alias制作时，尽可能简略，因为大多数路径实在是没什么技术含量可言。

好的，我们开始国际惯例，先睡觉，如图4–71、图4–72所示。

图 4–71　wake

```
wake=function()
  EnableTrigger("checkJL_ws",true)
  EnableTrigger("checkQ_ws",false)
  Execute("hp")
end
```

图 4-72　wake（）的代码

注意，爬悬崖所耗精力是比较多的，纯粹靠睡觉补大部分精力并不现实。因此，如果睡醒发现精力充足，最好稍微 dazuo（把当前气血转为当前内力，不可在卧室进行）修炼当前内力，以备后续 yjl 之需。

先写 checkJL_ws 这条 Trigger，如图 4-73 所示。

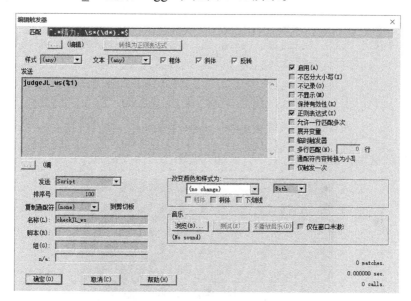

图 4-73　checkJL_ws

再写 judgeJL_ws（）的代码，如图 4-74 所示。

```
judgeJL_ws=function(jl)
  if(jl>500)
  then
    EnableTrigger("checkJL_ws",false)
    EnableTrigger("checkQ_ws",true)
    Execute("w;hp")
  else
    Execute("yjl;sleep")
  end
end
```

图 4-74　judgeJL_ws（）的代码

接下来，checkQ_ws这条Trigger估计同学们可以抢答了：抓取当前气血，再取其中一部分来dazuo就okay了！如图4-75所示。

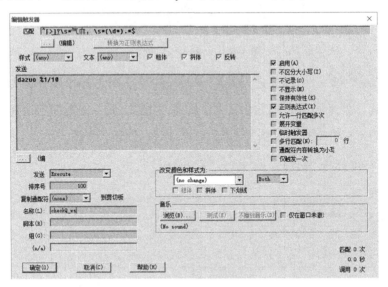

图 4-75　checkQ_ws

写到这里，rbt试运行一下，严重翻车！如图4-76所示。

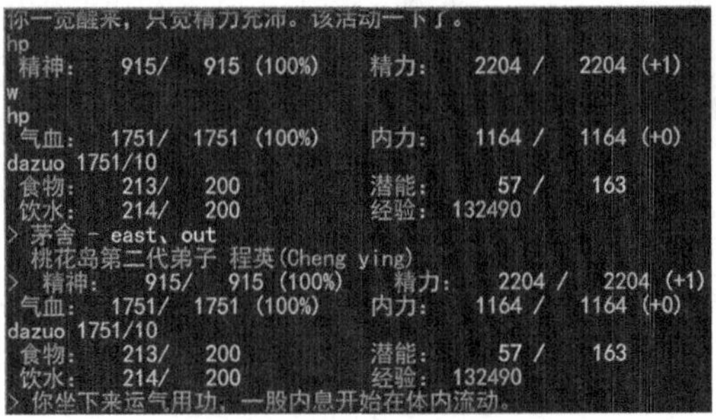

图 4-76　wrong

笔者瞪大近视800度的双眼，盯着看了半天，终于找出问题所在：睡醒之后，wake（）函数让checkJL_ws生效，让checkQ_ws失效，再打出hp指令。当看到当前精力充足时，judgeJL_ws（）函数让checkJL_ws失效，让checkQ_ws生效，再打出w;hp指令。但是，这时刚睡醒时的hp指令还没显示完，所以它的"气血"这行会被抓取到；同样，w;hp指令里的气血也会被抓取到，这不是笔者想看到的结果。最后，dazuo %1/10这种写法是错误的，它不会得出 dazuo 175 的结果，我们后面写代码再改。

笔者解决第1个问题都想了半天。其实仔细想想，一点都不难。稍微晚点儿让 checkQ_ws 生效不就行了吗？只要让它稍微错过第1个 hp 指令显示出来的气血，它不就只抓取 w;hp 指令里的了吗？这样一来，我们只需把judgeJL_ws（）的代码修改两行，如图4-77所示。

```
judgeJL_ws=function(jl)
if(jl>500)
then
    EnableTrigger("checkJL_ws",false)
    DoAfterSpecial(0.1,"EnableTrigger('checkQ_ws',true)",12 )
    DoAfterSpecial(0.2,"w;hp",10)
else
    Execute("yjl;sleep")
end
end
```

图 4-77　修改后的 judgeJL_ws（）代码

注意，我们这里第一次使用 DoAfterSpecial 第三参数取12的情况。没记错的话，前面提过，这表示发送给 Script，希望同学们还有印象。

接下来，我们解决第2个问题，实现 dazuo 175。既然 Trigger 里直接写dazuo %1/10行不通，那就在 lua 文件里写，如图4-78、图4-79所示。

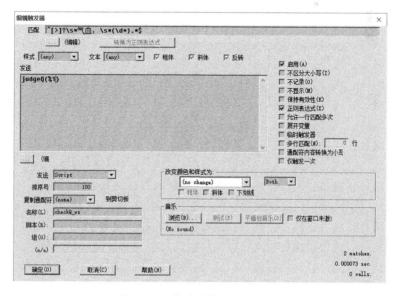

图 4-78　修改后的 checkQ_ws

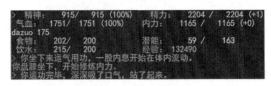

```
judgeQ=function(q)
  local qq=math.floor(q/10)
  Execute("dazuo "..qq)
end
```

图 4–79　judgeQ（ ）的代码

可能是Mushclient支持的lua版本不够高，笔者试了一下，q//10（lua里的整除运算）会报错，所以笔者采用了下取整函数，终于见到朝思暮想的dazuo 175了，如图4–80所示。

```
> 精神:    915/   915 (100%)    精力:    2204 /   2204 (+1)
气血:   1751/  1751 (100%)    内力:    1165 /   1165 (+0)
dazuo 175
 食物:    202/   200            潜能:      59 /    163
 饮水:    215/   200            经验:  132490
> 你坐下来运气用功，一股内息开始在体内流动。
你盘膝坐下，开始修炼内力。
> 你运功完毕，深深吸了口气，站了起来。
```

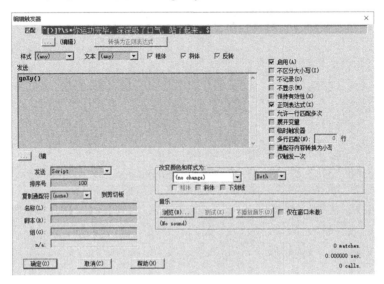

图 4–80　dazuo 175

当然，打坐多长时间是没有标准答案的。你觉得你的char睡眠质量太差，精力恢复严重不足，就多打一会儿；反之，则可以少打一会儿。

打坐完毕之后干什么呢？爬悬崖！

为了之后写Trigger方便，我们再添两个Alias：cu代表climb up，cd代表climb down，这里就不截图了。goXy如图4–81所示。

图 4–81　goXy

接下来，写 goXy（ ）的代码，如图 4-82 所示。

```
goXy=function()
  EnableTrigger('checkQ_ws',false)
  Execute("ws-xy")
  EnableTriggerGroup("up",true)
  Execute("cu")
end
```

图 4-82　goXy（ ）的代码

注意，这里的路径 ws-xy 可以少往西走 1 步（当然，你愿意撞一下墙我也不拦着）。此处出现了一个之前没见过的函数：EnableTriggerGroup（ ），它可以使整组的 Trigger 生效 / 失效，非常香。

图 4-83 是 up 组的第一条 Trigger，即让 char 不停往上爬，找到自己的悬崖高度上限。注意，这里又用了不建议的写法：直接把函数写在 "发送" 框里了（没办法，谁让哥这么自信呢）。

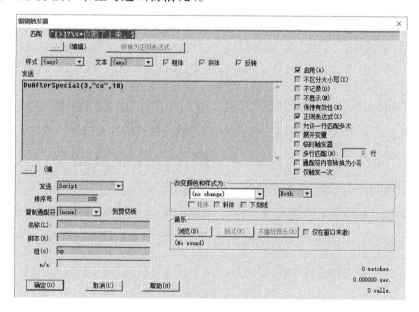

图 4-83　up 组的第一条 Trigger

图 4-84　到顶提示

不停地cu之后，由于丑人（Qzwdqzwd）的dodge level比较高，抵达了崖顶。注意，如果char的dodge level较低，到不了崖顶，会出现另一句描述，如"四处光溜溜，没法爬"等，到时候同学们添一句就行，不再赘述。到崖顶之后，就该开始反复爬下爬上的过程了，如图4-85所示。

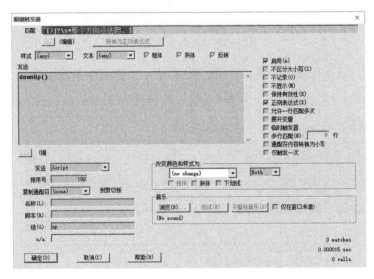

图4-85　downUp

写downUp（）函数的代码之前，我们稍微介绍一下Mushclient中定时器的概念。它可以实现每隔一定的时间就做一些事情，非常香。爬悬崖的过程中，当前精力消耗得比较快，所以我们把yjl间隔设置成2秒（图4-86），并同时用hp看当前精力是否充足，不足就回去睡觉。注意，在悬崖爬上爬下的过程中，不是每次定时器到时执行yjl都能成功，因为有时候char正忙，来不及补精力。如果这样的情况频繁出现，可以考虑将间隔的时间降为1秒。downUp（）的代码如图4-87所示。

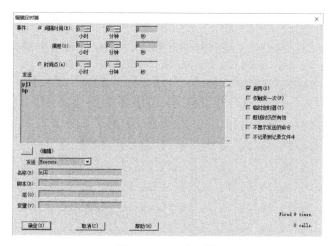

图 4-86   yjl 定时器

```
downUp=function()
  EnableTriggerGroup("up",false)
  EnableTriggerGroup("downUp",true)
  EnableTimer("yjl",true)
  Execute("cd")
end
```

图 4-87   downUp（ ）的代码

downUp（ ）函数的代码很简单：让 up 组失效，让 downUp 组生效，让 yjl 定时器生效，再往下爬。这时会看到："你爬了下来。"如图 4-88 所示。还需要问怎么做吗？赶紧抓取！

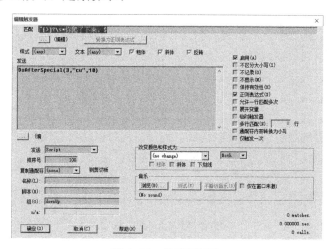

图 4-88   你爬了下来

这里又出现了不建议的写法！同学们可能已经忍无可忍了："老师，你到底要不要这么二！"没办法，老师用的是飘柔，写rbt就是这么飘逸（图4-89）。

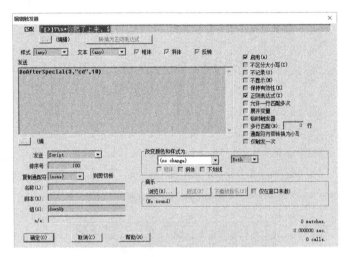

图 4-89　你爬了上来

与图4-88类似，同学们可能已经无力吐槽。

接下来，定时器不能白费。我们得检测当前精力是否充足，如图4-90、图4-91所示。

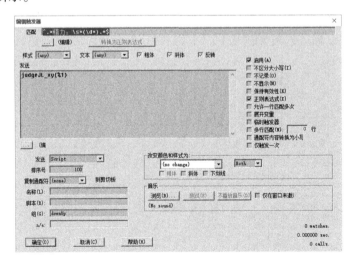

图 4-90　judgeJL_xy

```
judgeJL_xy=function(jl)
  if(jl<400)
  then
    EnableTriggerGroup("down",true)
    EnableTriggerGroup("downUp",false)
    EnableTimer("yjl",false)
    DoAfterSpecial(3,"cd",10)
  end
end
```

图 4-91　judgeJL_xy（ ）的代码

judgeJL_xy（ ）做的事很简单：如果当前精力不足，让down组生效，让downUp组失效，让yjl定时器失效，一步步往下爬。

图4-92这条Trigger应该不需要再作解释了，同学们太熟悉了吧。

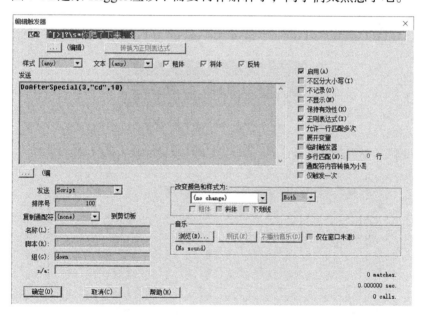

图 4-92　down组的第一条Trigger

图4-93是往下爬到地面，得回去睡觉了，具体代码如图4-94所示。

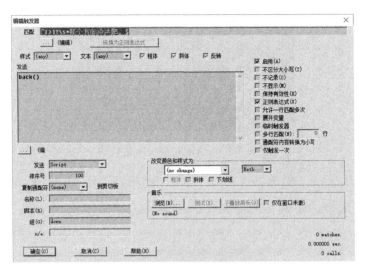

图 4-93　back

```
back=function()
    EnableTriggerGroup("down",false)
    Execute("xy-ws;chi;cha -c;sleep")
end
```

图 4-94　back ( ) 的代码

最后，按照国际惯例，来一句状态栏显示 dodge level（图 4-95）。

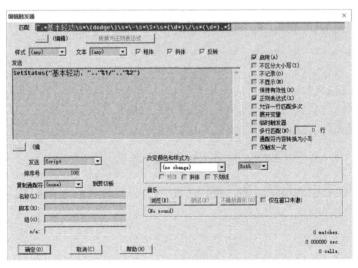

图 4-95　状态栏显示 dodge level

接下来，我们试运行一下爬悬崖rbt。

试运行结果不佳：爬到顶之后，丑人（Qzwdqzwd）就一路cd回去睡觉了。初步判断是lua文件中TriggerGroup使能写得不全，使得down组掩盖了downUp组。接下来，笔者不偷懒，每个涉及使能的地方，把3组写全（图4-96至图4-99）。

```
goXy=function()
  EnableTrigger('checkQ_ws',false)
  Execute("ws-xy")
  EnableTriggerGroup("up",true)
  EnableTriggerGroup("downUp",false)
  EnableTriggerGroup("down",false)
  Execute("cu")
end
```

图 4-96 goXy（）调整后的代码

```
downUp=function()
  EnableTriggerGroup("up",false)
  EnableTriggerGroup("down",false)
  EnableTriggerGroup("downUp",true)
  EnableTimer("yjl",true)
  Execute("cd")
end
```

图 4-97 downUp（）调整后的代码

```
judgeJL_xy=function(jl)
  if(jl<400)
  then
    EnableTriggerGroup("down",true)
    EnableTriggerGroup("downUp",false)
    EnableTriggerGroup("up",false)
    EnableTimer("yjl",false)
    DoAfterSpecial(3,"cd",10)
  end
end
```

图 4-98 judgeJL_xy（）调整后的代码

```
back=function()
  EnableTriggerGroup("down",false)
  EnableTriggerGroup("downUp",false)
  EnableTriggerGroup("up",false)
  Execute("xy-ws;chi;cha -c;sleep")
end
```

图 4-99    back（）调整后的代码

第2次试运行，开头一切顺利。当精力<400，需要down组粉墨登场的时候，出现了如图4-100所示的情况。原因很简单，之前的cu还在运行，所以，应该让这次的cd再迟一些，我们把judgeJL_xy（）的代码微调一下，如图4-101所示。

```
你在悬崖上攀藤附葛，一步步的爬上去。
崖顶
  星辰正在修炼内力。
  行星正在修炼内力。
  百宝箱正坐在地下调息通脉。
  渡幻正坐在地下调息通脉。
  渡新正坐在地下调息通脉。

你爬了上来。
>
climb down
你还在忙着呢。
```

图 4-100    第二次试运行卡壳

```
judgeJL_xy=function(jl)
  if(jl<500)
  then
    EnableTriggerGroup("down",true)
    EnableTriggerGroup("downUp",false)
    EnableTriggerGroup("up",false)
    EnableTimer("yjl",false)
    DoAfterSpecial(6,"cd",10)
  end
end
```

图 4-101    judgeJL_xy（）代码再改

这回终于okay了。丑人（Qzwdqzwd）长舒一口气："我终于不是工具人了！"注意，丑人目前skills上限是109 level，而dodge level还没到。如图4-102所示。

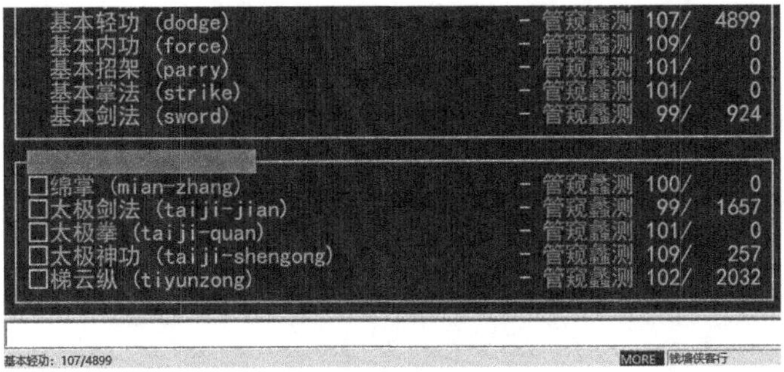

图 4-102 状态栏显示 dodge level

至此，全真爬悬崖 rbt 宣告竣工。有两点说明一下：①爬悬崖时涨 dodge level 是不受 exp 限制的，也就是说，丑人（Qzwdqzwd）想一直爬悬崖涨到 150 level dodge 也是可以的。但是，quit 之后，溢出的 dodge level 会全部丢失，即丑人（Qzwdqzwd）relogin 之后就只有 109 level dodge 了。所以，请留意状态栏显示的 dodge level，不要"贪杯"哟。②虽然爬悬崖能将 dodge 涨到 300 level，但是，dodge level 200 之后，爬悬崖的效率已经明显不足，建议同学们此后用 lingwu 和 lian 的方式来涨 dodge。

不知不觉中，本章已经介绍了 5 个 rbt。侠客行 MUD 里，可以写的 rbt 远不止这些，前文已提及，很多 skills 在 100 level 前是有专门练习方法的，如基本剑法（读 sword book 和华山秘洞领悟）、基本刀法（读胡家刀法和鸳鸯刀）、基本招架（读铁手掌和战斗中读铁手掌）……这些 rbt 的具体内容与本章中的 5 个 rbt 大相径庭，但具体思路仍有很多相仿之处（如尽可能写成睡觉、干活、睡觉、干活……的死循环）。侠客行 MUD 里难写的 rbt 不是 full skills rbt，而是 job rbt。例如押镖，劫匪踹一脚骡子你就哭去吧。笔者一直不愿意学，也不愿意写 job rbt，主要原因在前文提过：在笔者看来，侠客行 MUD 中最大的乐趣就是手动 job。所以笔者只愿把枯燥的、机械式重复的 full skills 交给 rbt，把有趣的 job 过程交给自己的双手。当然，如果同学们选择了 hh 的道路，把自己的 char 打造成 24K 金的机器人，笔者也不反对，只要你期末打得过我就行。

# 5 总结

　　光阴荏苒，岁月如梭，不知不觉中，笔者已经玩侠客行MUD 20多年了。从当年那个背着书包挤公交的懵懂少年，到现在拖家带口的中年油腻大叔，不得不说，自己改变了很多。但是，笔者对侠客行MUD的感情始终未变。笔者仍然清晰地记得当年全真那个熙熙攘攘的树林，记得每次被pker完虐的痛苦，记得跟好兄弟各种semote花式打闹，记得每个pfm满足条件时的兴奋，记得每个quest解出来的快感，……

　　但是，如前文所述，侠客行MUD如其他文字MUD一样，已步入暮年。笔者玩侠客行MUD这么多年，一直没为它做过什么。这门课以及这本教材，权当笔者为这位"老者"送别的一份心意。也许这1个学分，这16节课，对于大三下学期的学生来说无足轻重；但是，希望同学们能体会笔者的心情，有朝一日，能完全超过笔者的水平，成为hh。

# 附　录

## A. 缩写、全称及释义

鉴于本书中出现了大量类似 Chinglish 的缩写（文字 MUD 的特色），为便于同学们查阅，此处将其全称及相应中文释义一并以出现的顺序罗列如下。

| 缩写 | 全称 | 释义 |
|---|---|---|
| hh | high hand | 高手 |
| ryb | riyue-bian | 日月鞭 |
| pfm | perform | 特殊攻击 |
| afk | away from keyboard | 远离某款网游 |
| ln | lingnan | 岭南 |
| qt | qiantang | 钱塘 |
| wiz | wizard | 巫师 |
| rbt | robot | 机器人 |
| char | character | 角色 |
| exp | experience | 经验值 |
| clb | changlebang | 长乐帮 |
| dps | damage per second | 秒伤 |
| xkx | xiakexing | 侠客行 |
| ylt | yanglianting | 杨莲亭 |
| pxj | pixie-jian | 辟邪剑法 |
| wd | wudang | 武当 |
| tjq | taiji-quan | 太极拳 |

| | | |
|---|---|---|
| sl | shaolin | 少林 |
| hj | huaijiu | 怀旧 |
| bl | bili | 臂力 |
| gg | gengu | 根骨 |
| xs | xueshan | 雪山 |
| em | emei | 峨嵋 |
| pot | potential | 潜能 |
| cmd | command | 指令 |
| sbg | sanbuguan | 三不管 |
| cs | central square | 扬州中央广场 |
| qz | quanzhen | 全真 |
| gb | gaibang | 丐帮 |
| tjj | taiji-jian | 太极剑 |
| xx | xingxiu | 星宿 |
| ftb | futoubang | 斧头帮 |
| bgs | baoguosi | 报国寺 |
| ldp | leidongping | 雷洞坪 |
| gm | gumu | 古墓 |
| qc | qingcheng | 青城 |
| ws | woshi | 卧室 |
| xy | xuanya | 悬崖 |

## B. 雷洞坪练嗓子 rbt（修订后）

受全真爬悬崖 rbt 的激发，笔者重新审视了雷洞坪练嗓子 rbt 的编写和调试过程，发现自己犯了同样的错误，如图 B-1 所示。

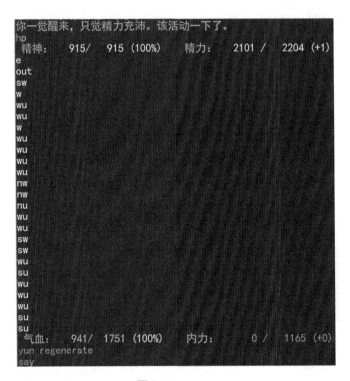

图 B-1  wrong

此处犯了与图 4-76 同样的错误：睡醒之后，wake（ ）函数让 checkJL 生效，让 checkJ 和 checkQ 失效，再打出 hp 指令。当看到当前精力充足时，judgeJL（ ）函数让 checkJL 失效，让 checkJ 和 checkQ 生效，再执行"bgs-ldp"，延迟三秒执行"yj;hp"。但是，刚睡醒时的 hp 指令还没显示完，所以它的"气血"这行会被抓取到，由于 checkQ 已生效，根据 judgeQ 函数里的双分支，会执行"yj;say"。

修改方法与 4.6 节相同：我们让 checkJ 和 checkQ 晚点生效就行了，只要让它稍微错过第一个 hp 指令显示出来的气血，它不就只抓取延迟三秒执行的"yj;hp"里的气血了吗？这样一来，我们把 judgeJL（ ）的代码修改一下，如图 B-2 所示。

```
judgeJL=function(jl)
 if(jl>400)
 then
   EnableTrigger("checkJL",false)
   DoAfterSpecial(0.1,"EnableTrigger('checkJ',true)",12 )
   DoAfterSpecial(0.1,"EnableTrigger('checkQ',true)",12 )
   DoAfterSpecial(0.2,"bgs-ldp;yj;hp",10)
 else
   Execute("yjl;sleep")
 end
end
```

图B-2　修改后的judgeJL（）代码

修改之后，还是觉得运行得磕磕绊绊，但是lua文件里已经看不出问题了，笔者转向Mushclient里的Trigger一栏，发现气血那行居然少写了名称，罪过罪过，这就把"checkQ"补上，如图B-3所示。

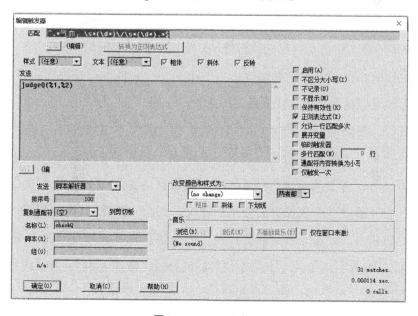

图B-3　checkQ代码

现在，终于能看到雷洞坪练嗓子rbt顺滑地运行了，笔者可以开心好多天了。

# 致　谢

　　本书首先要感谢的是江西财经大学软件与物联网工程学院白耀辉院长。他是全世界唯一一个全程跟进本书进度的人。他对本书提出的宝贵的意见和建议以及他对笔者的鼓励和鞭策，是本书完结最重要的动力，没有之一。

　　其次要感谢的是我的表哥胡宏杰。当年我只晓得西游记和边塞风云，是他带领我走进了侠客行MUD的世界。当时的侠客行MUD服务器端代码与如今的迥然不同，对新人极不友好（侠客岛就是个摆设，钓鱼任务什么的都是不存在的）。是他不辞辛劳地帮我熬醉仙蜜，去沙漠tuna，换得来之不易的400多的最大精力（当时的侠客行MUD走路都得费不少当前精力）；是他在我挖药时，帮我击杀树林里冒出来的小豹子；是他告诉我桃花岛的坐标，以及怎样根据花香辨识船快到岛时的方位；……

　　最后，要感谢两个侠客行MUD的网友QQ群。大群里嬉戏打闹，小群里精研技术，大家其乐融融。在此，要对两位网友特别提出感谢：一是我的大哥"不吃肉会死星人"，他对IT的认识比我高了不止一个档次，对我建号、练号给出过无数珍贵的意见和建议；二是"刹那"，他在我写教材最无助的时候［ln无法登号，qt无法建号，但是教材写到了侠客岛部分（2.3节），我根本找不到也买不来位于侠客岛的char，欲哭无泪］，建议我去百度MUD吧看看。正是那一瞥，让我找到了一个非官方站点，顺利完成了侠客岛部分的编写。